Welcome to the Future

Gert van Veen

Welcome to the Future

Platina Paperbacks Amsterdam 1994

Platina Paperbacks worden uitgegeven door
Uitgeverij Arena bv, Amsterdam

© Gert van Veen
© Nederlandse uitgave: Uitgeverij Arena bv, 1994
De meeste artikelen in *Welcome to the Future* verschenen eerder
in *de Volkskrant*. Voor deze bundeling herschreef Gert van Veen
enkele van deze artikelen.
Omslagontwerp: René Abbühl, Amsterdam
Foto omslag: Henny Boogert, *Quazar-danseres Chinedum*
Typografie en zetwerk: Studio Cursief, Amsterdam
Lithografie: Koningsveldgroep, Amsterdam
Druk- en bindwerk: Koninklijke Wöhrmann bv, Zutphen
ISBN 90 6974 115 6
NUGI 924

Inhoud

Voorwoord 7
De muziekindustrie 11
The dream is over 16
Summer of love 20
Everything starts with an E – Manchester 26
Love Parade – Berlijn 35
Kraftwerk 39
De soul van een spookstad – Detroit 47
Labels 54
De wil van de dansvloer: de dj 61
Jazzdance en acid jazz: dj Graham B. 68
Kroonluchters in de ondergrondse – New York 74
Bang voor een zwarte planeet 82
In Afrika waren wij koningen – hiphop 95
George Clinton 101
The Red Hot Chili Peppers 104
De doos van Pandora – Urban Dance Squad 110
Nirvana 119
Ivo Watts – 4AD 127
Brian Eno 133
Op zoek naar de factor x 141
Malcolm McLaren – *Paris* 149
Welcome to the future – Underworld 153

Dit boek is de neerslag van jaren denken, filosoferen en discussiëren over muziek en de muziekwereld. Eeuwige dank ben ik verschuldigd aan ieder die – door commentaar, kritiek en nachtenlange gesprekken – hielp mijn ideeën vorm te geven en aan te scherpen: mijn ouders, mijn broers, zusters en familie. Jos Kunst, Gert Oost en Alphons Annegarn van het Instituut voor Muziekwetenschap in Utrecht. Bands, muzikanten en vrienden uit Utrecht vanaf het tijdperk van The Sphynx en Hi-Jinx: Hans de Groot, Abel Arkenbout, Tony & Linda, Anita, Marjolein, Eric Cycle, Hendrik Jan, René van Barneveld, Michel Schoots, Nicoline Baartman en Henrico Prins.

De internationale popwereld, mijn collega-popjournalisten, iedereen op de kunstredactie van *de Volkskrant*, Roland de Beer & Betsy Franssen, de eindredacteuren van het Kunstkatern, Theo Temmink, Jaap Huisman, Dick Slootweg, Willem Kuipers, Louis Houët, Melchior de Wolff, Erik van den Berg, Ariejan Korteweg, Willem Ellenbroek, Michaël Zeeman, Wim de Jong en Arno Haijtema.

Uitgeverij Arena, Oscar van Gelderen, mijn vrienden uit de internationale house-wereld, en bovenal: Corné Bos, Eddy de Clercq, Hanneke & Jacob, Carlijn, Bambi, Gijsbert Kamer, Orlando Voorn, René Feyth, Alfred Bos, Rein Hofstee, Hans de Neijs, Paul Jay, Karl Hyde, Kris Needs & Wonder, Steve Green, Sophia, Chinedum, Tony & Liz, Dirk de Vries, Gert Hoek en Daphne – love of my life.

Voorwoord

Muziek is een drug. Een krachtige drug, met vreemde eigenschappen. Ze doet je hart sneller kloppen, je bloed sneller stromen. Ze kan elke sfeer, stemming of emotie uitdrukken en oproepen. Ze is gevoelsversterker of pijnverzachter. Ze windt je op, maakt je melancholie dieper, je verliefdheid groter of je woede heviger.

Muziek heeft een hele reeks magische eigenschappen, zoals sjamanen uit elk deel van de wereld al sinds de oertijd weten. Muziek is onzichtbaar, ongrijpbaar, geeft je vleugels, neemt je mee naar een andere wereld. Muziek is magie.

Een van de vreemdste eigenschappen van muziek is de manier waarop ze stemmingen en gevoelens kan bewaren. Als een mentale taperecorder, die gelijktijdig ook talloze gevoelens en gedachten vastlegt. Zo draagt elk stuk muziek, dat vaak heeft geklonken in een bepaalde periode, talloze herinneringen aan die tijd in zich mee. Een ontstekingsmechanisme, dat in werking treedt als je zo'n oude plaat weer hoort, en dat je brein onmiddellijk bombardeert met een compleet schilderij van wat je dacht en voelde.

Elk tijdperk in de muziekgeschiedenis creëert zijn eigen soundtrack, die ook voor eeuwig verbonden zal blijven aan die periode. In het geheugen gegrift van miljoenen wereldbewoners. Dat verklaart het succes van alle revivals, de 'goud van oud'-festivals, de radiostations die alleen maar oude hits uitzenden: voor hele generaties werken ze als een klinkende echo van die goeie ouwe tijd (toen we nog jong waren).

Dat kan aangenaam zijn, zoals je ook wel eens een fotoboek doorbladert, maar het wordt storend als het ontaardt in conservatisme.

En conservatisme is een van de grootste kwalen van de popwereld anno nu. Van een muziekstijl voor en door de jeugd is het uitgegroeid tot muziek voor en door alle leeftijden, die het liefst terugkijkt op 'de gouden tijd', die (zo blijkt dan) helaas achter ons ligt.

Er was een moment, zo'n zeven jaar geleden, dat het leek alsof de popmuziek begon dood te bloeden. Tenminste, die gedachte werd uitgesproken door de oude garde popjournalisten, radio- en tv-makers, die tevergeefs wachtten op de 'nieuwe punk'. Er verschenen steeds minder goede, bijzondere nieuwe platen, zo werd gezegd, en met een duidelijk voelbare melancholie werd gerefereerd aan de geweldige muziek van vroeger.

Vroeger betekent overigens voor bijna iedereen wat anders. Het kan de eerste rock & roll zijn, de *sixties*, oude soul, punk, of de avant-garde van de vroege jaren tachtig.

Een erg deprimerend idee dat alles vroeger beter zou zijn geweest. Erg conservatief ook. De geschiedenis van de kunst leert dat zo'n idee altijd wordt verdedigd door de gevestigde orde, die bang is voor zijn eigen hachje. Of die het allemaal niet meer kan volgen. De stelling dat 'de muziek van tegenwoordig' niet zou deugen is zo oud als de wereld. Net als het idee dat er niets van de jeugd terechtkomt.

Wie beweert dat er vroeger (dat wil zeggen, toen die persoon tussen de vijftien en de vijfentwintig was) betere muziek werd gemaakt, zegt in feite iets heel anders, namelijk dat hij/zij sindsdien het vermogen heeft verloren om meegesleept te worden door muziek, of in ieder geval door nieuwe muziek.

Daarom is er uiteindelijk heel weinig veranderd sinds de *sixties*, toen de jonge bands moesten opboksen tegen een oude generatie, die was opgegroeid met de hopeloos verouderde opvattingen van de jaren vijftig amusementsmuziek.

In de jaren negentig heeft de jonge generatie te maken met een conservatisme dat de popwereld van binnenuit in zijn greep heeft. Nu is er geen sprake van een generatiekloof tussen de jeugd en de oudere generatie, maar tussen diverse popgeneraties. Het feit dat iemand de *sixties* heeft meegemaakt, blijkt allesbehalve een garantie voor een verlichte, progressieve kijk op de jaren negentig.

Alle bijzondere, nieuwe muziek groeit nog altijd tegen de verdrukking in. En dat is misschien maar goed ook. Dingen doen die verboden zijn, regels en wetten overtreden, tegendraads zijn: er is weinig waar een nieuwe generatie meer plezier aan beleeft.

Dat maakt dat de popwereld voortdurend in beweging blijft. En met een snelheid die past bij de razende vaart van de late twintigste eeuw.

De volgende hoofdstukken schetsen in grote lijnen de verschuivingen en revoluties die in de jaren tachtig plaatsvonden, en die gestalte gaven aan de nieuwe muziekcultuur in het laatste decennium van deze eeuw. De muziek van de toekomst, de muziek waarmee de popwereld de eenentwintigste eeuw binnen zal gaan.

Gert van Veen, 1994

De muziekindustrie

Popmuziek is een miljardenindustrie. Er gaat ontzettend veel geld in om, al komt maar een klein deel daarvan terecht bij de creatieve motor van de popwereld: de groepen, componisten, muzikanten en producers.

Dat is altijd al zo geweest, of in ieder geval vanaf de introductie van de platenspeler en de 78-toerenplaat aan het begin van deze eeuw, toen de basis werd gelegd voor de huidige platenindustrie.

Platenmaatschappijen proberen muziek te verkopen, zoals elk bedrijf zijn produkt verkoopt: in zo groot mogelijke aantallen. Daarom zullen ze altijd zoveel mogelijk invloed proberen uit te oefenen op de muziek, zoals die op de plaat terechtkomt. Want een maatschappij weet (of meent te weten) hoe de smaak van het grote publiek in elkaar zit. En een maatschappij heeft een aardig inzicht in het soort muziek dat het best te slijten is aan de radiostations – die er in hun strijd om de hoogste luistercijfers alles aan doen om het 't grote publiek zoveel mogelijk naar de zin te maken.

Sinds de eerste rock & roll zijn de aantallen verkochte platen (tegenwoordig cd's) verveelvoudigd. De popwereld is een gestroomlijnde, goed georganiseerde industrie, die wordt beheerst door een zestal multinationals. Grote platenmaatschappijen, zogenaamde *majors* zoals Sony, BMG, EMI, Warner en Polygram.

Het grootste probleem van deze machtige industriereuzen is hun grootte. Die maakt dat ze eigenlijk alleen in staat zijn om goed te functioneren, als het gaat om het verkopen van 'megaacts'. De overheadkosten (de vaste lasten) zijn zo hoog, dat er pas bij een groot aantal verkochte platen ook winst wordt gemaakt. Daarom varen de *majors* altijd een veilige koers en zijn ze eigenlijk nooit te vinden voor wilde experimenten of riskante muzikale projecten. Een groep of muziekstijl wordt pas interessant als er een bepaalde zekerheid bestaat dat er veel platen of cd's van 'weggezet' kunnen worden.

Door hun behoudende koers komt vernieuwing zelden uit de hoek van de grote maatschappijen, maar altijd van de kant van kleine, onafhankelijke maatschappijtjes. Ze zijn klein, maar daarom wendbaar. Kunnen snel reageren op veranderingen in het popklimaat, hebben de vinger aan de pols, weten wat er leeft 'op straat'.

Kleine labels als Sun stonden aan de wieg van de rock & roll, voordat die werd overgenomen door *majors* als RCA, die sterren als Elvis voor veel geld wegkochten.

In de *sixties* waren onafhankelijke maatschappijtjes een zeldzaamheid, maar vanaf de punk bloeiden ze opnieuw op. Ook de grunge-rage, die zijn hoogtepunt vond in het succes van Nirvana, was begonnen als een ondergrondse stroming, ingezet door kleine labels als Subpop, die de punktraditie verder voerden.

De opkomst van de Amerikaanse hiphop was geheel te danken aan kleine labels, zoals Def Jam, die in korte tijd uitgroeiden tot een miljoenenbedrijf. En ook de nieuwe elektronische muziek, house en techno, bleef vanaf de opkomst van het genre in de late jaren tachtig het domein van kleine labels.

Meestal komen de *majors* pas in actie als een groep of genre zich al heeft bewezen. Ze pikken de krenten uit de pap, en proberen die vervolgens te lanceren in dat gigantische rad van avontuur dat popwereld heet.

De grootste kracht van de *majors* is hun machtige distributieapparaat, waarmee ze er ook voor kunnen zorgen dat platen werkelijk overal te koop zijn, tot in de verste uithoeken van onze aardbol.

Maar nieuwe muziek dient zich bijna altijd aan op de kleine labels, die vaak uit idealisme of even vaak uit pure noodzaak worden geboren: omdat niemand anders er wat in zag. Het is natuurlijk ook makkelijker om wilde experimenten op de plaat te zetten, wanneer je al met zo'n tweeduizend verkochte exemplaren winst begint te maken. Bij de *majors* ligt dat aantal vele malen hoger, zodat ze zich noodgedwongen moeten richten op de grootste gemene deler. Het resultaat is een overdaad aan slappe, witgewassen en gladgestreken muziek.

De popmuzikant heeft nogal ambivalente gevoelens ten opzichte van succes. Graag, maar dan wel op de eigen voorwaarden. De geschiedenis is dan ook vol van verhalen over botsingen tussen groepen en platenmaatschappijen. Een contract tekenen heeft veel weg van het verkopen van je ziel aan de duivel. *'Sell your soul to the company'*, zoals The Byrds in 1967 zongen in hun cynische *So you want to be a rock & roll-star*.

Platenmaatschappijen zouden net zo goed wasmachines kunnen verkopen, vindt de muzikantenwereld. De maatschappijen zelf doen daar niet moeilijk over, geven het grif toe: hoe prachtig, origineel en creatief een plaat ook moge wezen, als de muziek niet verkoopt, dan zal de groep, zanger of zangeres vroeg of laat gedumpt worden.

Zo ontstaat popmuziek (net als een speelfilm in de filmindustrie) in het spanningsveld tussen commercie en creativiteit. De muzikant wordt heen en weer geslingerd tussen de drang om zichzelf (zo persoonlijk mogelijk) uit te drukken en de wetenschap dat er wèl genoeg platen verkocht moeten worden.

Hits bepalen voor een groot deel de sfeer in de popwereld. Succes in de hitlijsten is het beste (volgens velen het enige) bewijs van kwaliteit.

Net als in alle andere takken van de *showbusiness* is de droom van erkenning, roem, succes en rijkdom een van de belangrijkste drijfveren voor de muzikant. En de reden dat miljoenen *would-be* sterren zich jaar in jaar uit storten in die meedogenloze *ratrace*.

Toch zijn er maar weinig muzikanten voor wie succes het enige is wat telt. Ze bestaan wel, maar de drang naar roem en rijkdom is uiteindelijk een wat al te schamele bagage.

En voor een wereld die zo wordt gedomineerd door geld, is er toch ook opvallend veel idealisme te vinden. Muzikanten die heel principieel doen waar ze zelf zin in hebben, en die het op de een of andere manier lukt om daar toch succes mee te hebben. Iemand als Prince bijvoorbeeld, die alles vanaf het begin van zijn carrière helemaal in eigen hand hield.

Bij de grootste hits uit de pophistorie hebben de makers een perfecte balans gevonden tussen toegankelijkheid en originaliteit. Maar de smaak van het grote publiek is zo grillig, dat het van tevoren nooit te voorspellen valt wie of wat succes zal hebben. Voor elke hit zijn er honderd missers, zodat de grote popsnelweg bezaaid is met uitgebrande wrakken: prachtige muziek die voor geen meter verkocht, mislukte projecten, bands die die ene bijzondere kans aan hun neus voorbij zagen gaan. Of die net dat ene extra beetje geluk misten.

Net als in de geschiedenis van de kunst in het algemeen, is ook de pophistorie vol van genieën die nooit de erkenning kregen die ze verdienden, de pioniers die nieuwe wegen insloegen, maar anderen met de eer zagen strijken. Soms werd de waarde van een groep pas later, of veel later ingezien. Zoals in het geval van The Velvet Underground, muzikaal gezien een van de belangrijkste groepen van de late jaren zestig, maar commercieel gezien een regelrechte flop. Zo'n vijfentwintig jaar na hun beste tijd, kreeg de Newyorkse groep dan eindelijk kans om door middel van een reünie-tournee geld te slaan uit hun verlate succes. En dat deden ze, zelfs al betekende dat het ontnuchterende einde van een droom en mythe, die de popwereld vijfentwintig jaar in zijn ban had gehouden.

The Velvet Underground is nog een gelukkige uitzondering. Het gros van de 'wereldberoemde' popnamen blijkt zelfs na een glanzende carrière geen cent te hebben verdiend, en blijft berooid en afgeleefd achter. Toch blijkt van de waas van romantiek die de popwereld omgeeft zo'n onweerstaanbare aantrekkingskracht uit te gaan, dat steeds weer nieuwe generaties zich op het muziekmaken storten. Als een bezeten horde goudzoekers, gewapend met een beetje talent, een instrument en een hoop dromen.

En te dromen valt er genoeg. Want de geschiedenis van de popmuziek is een aaneenschakeling van succesverhalen: onbetekenende zangers, zangeressen en groepen die wereldberoemd werden. En rijk. Popmuziek heeft zijn wortels niet voor niets in de Verenigde Staten, het land van de *American dream*, waar de krantenjongen het tot directeur schopt. En de straatmuzikant tot wereldster.

In de popwereld is het onmogelijke mogelijk, want het geheim van succes valt door niemand te doorgronden. Iedereen heeft een kans, of zo lijkt het in ieder geval. Het is als een gigantische loterij, waar elke deelnemer de hoofdprijs zou kunnen winnen.

En zelfs als het met die rijkdom niet wil lukken, blijft er nog genoeg over: *sex, drugs and rock & roll* – een heel wat aantrekkelijker perspectief dan een saaie baan of huisje-boompje-beestje.

Het maakt de popwereld een vrijplaats voor vreemde buitenbeentjes, *drop-outs, losers, freaks* en werkschuw tuig, kortom: alles en iedereen die nergens anders voor wil deugen. De rap-*scene* telt opvallend veel straatschoffies en voormalige gangsters, maar eigenlijk vind je ze overal terug: de muzikanten voor wie succes de enige mogelijke ontsnapping is aan een uitzichtloos bestaan, of het nu in het zwarte Newyorkse getto is of in de sloppenwijken van Londen.

Maar wat voor achtergrond de muzikanten ook mogen hebben, bijna altijd hebben ze een ding met elkaar gemeen: een brandende passie voor de muziek. Een passie die elke motivatie om iets anders te doen, doet verbleken.

Een passie en gedrevenheid, die ook alles weg heeft van een obsessie. Die brandende passie is de reden dat er nog steeds zulke bijzondere nieuwe muziek wordt gemaakt. Het resultaat van de energie en inspanning van een gigantisch legioen jonge muziekmakers.

De meesten branden snel op, maar de erfenis die ze in de afgelopen veertig jaar hebben nagelaten is een immens en indrukwekkend document van de late twintigste eeuw.

(1994)

The dream is over

'*The dream is over*', de woorden waarmee John Lennon zijn commentaar gaf op het uiteenvallen van The Beatles, markeerden het einde van de jaren zestig. De droom was voorbij, de magische waas die de *sixties* had omhuld maakte plaats voor schel neonlicht: een nieuw realisme, dat met de punk de laatste resten van het hippiedom vernietigde.

Punk was een typisch produkt van de jaren zeventig. Het maakte korte metten met het idealisme van de *sixties*, de *love & peace*, kortom, zo ongeveer alles waar de Woodstock-generatie voor had gestaan. Maar al was punk de meest agressieve reactie op de jaren zestig, ook de yuppies van de jaren zeventig en tachtig deden lange tijd hun best om het eigen verleden (een jeugdzonde) onder het vloerkleed te schuiven.

De kater duurde tot in de tweede helft van de jaren tachtig, toen heel voorzichtig de eerste tekenen zichtbaar werden van een klimaatsverandering. Het cynisme van het ik-tijdperk had zijn scherpste kantjes verloren. De popwereld, die sinds de rock & roll eigenlijk alleen maar vooruitgehold was, begon voor het eerst terug te kijken op het eigen verleden.

De muziek van de grootste ster van de jaren tachtig, Prince, verwees zowel naar The Beatles als naar Jimi Hendrix, terwijl de naam van zijn eigen platenlabel, Paisley Park, refereerde aan de psychedelische jaren zestig. Een hele nieuwe generatie Amerikaanse gitaarbands (R.E.M., Hüsker Dü, Smithereens) liet zich inspireren door groepen als The Byrds.

De *sixties*-sterren zelf, ruim een decennium lang uitgemaakt voor ouwe lullen, kropen voorzichtig uit hun schulp. De een na de ander maakte zijn comeback, al kwamen de meesten niet veel verder dan het herkauwen van de oude hits. Een bescheiden soul-revival bracht een groot aantal oude sterren van het Stax-label op de Nederlandse podia.

Zangers als Rufus Thomas en Wilson Pickett trokken een opvallend jong publiek, maar de meeste revivals riekten vooral naar jeugdsentiment. Zoals de *Back to the sixties*-festivals, waar ranzig geworden acts van weleer nog eenmaal hun ene moment van roem mochten laten herleven. Dave Berry, The Tremeloes, The Pretty Things, Ten Years After, Steppenwolf en tal van andere sterren van toen konden nog eenmaal hun kunstje vertonen. Niet meer zo soepel van lijf en leden, en zeker niet meer zo jong en wild, maar in de golf van emoties die de jeugdherinneringen opriepen was er niemand die dat nog wat uitmaakte.

Voor de platenindustrie, die na een periode van tomeloze groei aan het eind van de jaren zeventig een ernstige crisis doormaakte, bleken de *sixties* (en later de *seventies*) de redding in de nood. Met de komst van de cd-speler werd de hele pophistorie gerecycled. De grootste winsten werden gemaakt met het op cd uitbrengen van de grijsgedraaide muziek van toen, die opgepoetst met digitale apparatuur beter klonk dan ooit.

It was twenty years ago today: twintig jaar na de *Summer of love*, de zomer van *Sgt. Pepper's lonely hearts club band*, waren The Beatles weer terug in de hitparade. Het was het begin van een nieuwe golf *sixties*-muziek, die tot dit moment voortduurt.

Ook Bob Dylan is weer helemaal terug, terwijl zijn platenmaatschappij Sony (het voormalig CBS – oké, de tijden zijn toch een beetje veranderd) adverteerde voor een nieuwe Byrds-*Greatest hits* met de tekst: 'Er zijn van die momenten dat je ronduit voor je leeftijd kunt uitkomen – The Byrds. Eén van de groepen uit de jaren zestig. Flower power, *peace* en *love*, die jaren zestig. Jij hebt ze meegemaakt. En daar ben je maar wat trots op. Want zo'n tijd komt er nooit meer. Hoewel, er is nu een cd uit...'

Het heeft iets engs natuurlijk, zo'n obsessie met het verleden. Zeker als daaraan het idee gekoppeld wordt dat het vroeger beter was. Of mooier, echter, heftiger, puurder, eerlijker en ongerepter. Die opvatting wordt overigens niet alleen aangehangen door de conservatieve tak van de oudere generatie, maar ook door jonge muzikanten als Lenny Kravitz, wiens muziek zowel wat betreft sfeer als sound sterk is geënt op de jaren zestig. Kravitz is wat je noemt een neohippie, die de *sound of the sixties* probeert te doen herleven en daarbij zelfs zo ver gaat dat hij de oude opnametechnieken nabootst. Een romantisch streven, dat precies past in de manier waarop de jaren zestig nu worden geïdealiseerd en gemythologiseerd.

In een aantal gevallen lijken de overeenkomsten met de *sixties* bijna te berusten op een toevalligheid. De nieuwe generatie is zich soms nauwelijks bewust van het feit dat de geschiedenis zich herhaalt – de meesten waren nog niet eens geboren in 1967.

Dat gold bijvoorbeeld voor de eerste house-party's, de *raves* die vanaf de *Summer of love* van 1988 vooral in Engeland gigantische proporties aannamen. Op grote feesten in loodsen, fabriekshallen of in de openlucht danste het publiek tot in de ochtenduren op snoeiharde elektronische muziek. Namen als *Energy*, *Sunrise* of *Evelation* leken regelrecht ontleend aan het hippie-jargon, terwijl de ratio-ontregelende rookmachines, stroboscoopeffecten en de vloeistofprojecties bij de oudere bezoeker herinneringen oproepen aan de psychedelische *happenings* en de acid rock van de jaren zestig.

Veel van de overeenkomsten tussen de twee periodes zijn het gevolg van het feit dat ze zich baseren op (muzikale) principes die zijn terug te vinden in de niet-Westerse – Afrikaanse en Oosterse – culturen. Beide grijpen ook terug op een van de primitiefste vormen van muziekbeleving: het trance-dansen.

In de nieuwe dansmuziek ligt de muzikale overeenkomst met de psychedelica van de *sixties* vooral in de vorm (een monotone dreun, die zichzelf herhaalt), niet zozeer in de muzikale middelen. De elektronische revolutie heeft een nieuw universum van klankwerelden mogelijk gemaakt, die in de jaren zestig, letterlijk, nog toekomstmuziek waren.

Hendrix en The Beatles gebruikten de modernste apparatuur om hun muzikale visioenen tot klinken te brengen. The Byrds experimenteerden als een van de eersten met de Moog-synthesizer, een instrument dat toen nog zo groot was als een flinke boekenkast, en een klein vermogen kostte.

De Engelse journalist Charles Shaar Murray wijdt in zijn in 1989 verschenen boek *Crosstown traffic* een compleet hoofdstuk aan de apparatuur die Jimi Hendrix gebruikte. Hij noemt het ironisch dat hele generaties muzikanten hebben geprobeerd de Hendrix-*sound* te benaderen, en daarvoor teruggrepen op dezelfde oude, *low-tech*, apparatuur die Hendrix tot zijn beschikking had. Shaar Murray denkt dat de gitarist, als hij nog had geleefd, niet zou zijn blijven stilstaan: 'Hendrix zou zich niet alleen uitstekend thuisgevoeld hebben in de hedendaagse wereld van Synclaviers, Fairlights en Apple Macintosh muziek-software, maar hij zou ze – als hij nog had geleefd – vermoedelijk ook tot zijn basisinstrumentarium hebben gemaakt.'

De nieuwe psychedelica maakt dankbaar gebruik van de verworvenheden van het computertijdperk, niet alleen in de muziek, maar ook in de lasershows of de duizelingwekkende computeranimaties en videoclips. Muziek van groepen als The Beautiful People (*If the sixties were the nineties*) en Deee-Lite, herinnert aan het optimisme en de kleur van de jaren zestig. Het Newyorkse trio Deee-Lite had ondermeer hits met *I believe in the power of love* en ESP, een nummer over het telepathische contact tussen een discjockey en het publiek op de dansvloer: '*He's tapping into just what you're feeling*'.

Deee-Lite-zangeres Lady Miss Kier noemt de *sixties* inderdaad een belangrijke invloed: 'Het was ook een heel bijzondere periode in deze eeuw. Maar de meeste ideeën zijn universeel en hebben niets met zo'n specifieke periode te maken: liefde, nieuwsgierigheid naar het geheim van het leven, proberen andere mensen te begrijpen. Of neem het idee van ESP. Dat is niet iets van de *sixties*, dat leefde duizend of tweeduizend jaar geleden veel sterker dan nu.'

(1991)

Summer of love

En opeens waren *love & peace* terug. In de laatste jaren van het decennium, dat was begonnen met de troosteloze sfeer van de doem-muziek. Eenentwintig jaar na de zomer van 1967, en twaalf maanden nadat de hele wereld *It was twenty years ago today* had gevierd, was er opeens een nieuwe *Summer of love*: de zomer van 1988.

De in het zwart geklede *no future*-punks van de vroege jaren tachtig maakten plaats voor een nieuwe generatie, die zich hulde in veelkleurige kledij, *peace*-tekens of yin & yang-kettinkjes droeg, en voor wie het symbool een felgeel, vrolijk lachend gezicht was: *smiley*.

Centrum was ditmaal niet de Amerikaanse Westcoast, maar Londen, waar zich in de winter- en lentemaanden van 1988 een muzikale revolutie had voltrokken, waarvan de echo's tot in het hier en nu doorklinken. Engeland ontdekte de house-muziek en vooral: het dansen tot in de vroege ochtend.

Dansen in het flikkerende licht van de stroboscoop, dansen op een snoeiharde elektronische beat – acid – dansen tot je in trance raakt.

Acid-party's waren nieuw, spannend en trokken een jong publiek, dat nog geboren moest worden in de zomer van '67. Clubs met namen als Shoom, The Trip, Spectrum en Future openden hun deuren: in de zomermaanden konden ze de toeloop nauwelijks nog aan.

Dj Eddy de Clercq, die in augustus van dat jaar acid in Amsterdam zou introduceren met zijn 'Disco hippies on acid' was die zomer in Engeland. In een interview met *de Volkskrant* beschreef hij een bezoek aan Spectrum: 'Je stapt de rook binnen, komt er de volgende ochtend weer uit, en even ben je op een andere planeet geweest.

Ik had af en toe de indruk dat ik bij een soort Afrikaanse

volksstam was terechtgekomen. Die energie, die heb ik sinds de komst van de punk niet meer meegemaakt. Al die mensen waren aan het dansen, heel heftig, niet van dat slome disco-gelummel. Echt bewegen. En niet twee of drie nummertjes, maar nonstop, vijf, zes uur achter elkaar.'

Summer of love. De naam was ontleend aan de zomer van 1967, al had de nieuwe *scene* weinig te maken met *back to the sixties*, in ieder geval niet als het ging om de muziek. De meeste platen op de eerste acid-party's waren obscure Amerikaanse importplaten, muziek uit New York (Todd Terry: *Can you party*), Detroit (Rhythim is rhythim: *Strings of life*) en vooral Chicago, de geboorteplaats van de eerste house en acid.

De monotone elektronische dansmuziek was een produkt van de lokale club-underground: zwarte dj's en muzikanten, wier muziek nauwelijks werd opgemerkt in Amerika zelf, en die stomverbaasd toekeken hoe hun platen in Engeland opeens zo'n succes waren.

De eerste maanden van de zomer bracht een nieuwe *scene* bij elkaar, die bruiste van de jonge energie. De sfeer was open en warm. En vrij. Alles mocht. Alles kon, iedereen was welkom. Even leek het erop dat de droom van de *sixties* toch in vervulling zou gaan. *Love, peace & happiness*.

Natuurlijk, acid house kwam niet zomaar uit de lucht vallen. De Engelse *Summer of love* viel, net als die van de jaren zestig, samen met de komst van een nieuwe drug: XTC (ecstacy). Vergeleken bij LSD, dat de motor was geweest van de psychedelische revolutie in de *sixties*, was het effect, zeg maar, mild. XTC maakte je lekker los, open, vriendelijk, terwijl het stimulerende effect ervan je de energie gaf om tot de volgende ochtend door te gaan.

Niet dat elke party-bezoeker XTC gebruikte. Rook, stroboscoop en de hypnotiserende puls van de house-beat brachten je ook zo wel in trance. Maar het effect dat het op gebruikers had, was wel bepalend voor de sfeer van openheid in de *scene*.

Acid leek op het eerste gezicht weinig met hippies te maken te hebben, het was eerder zo dat een nieuwe generatie per ongeluk op dezelfde kosmische wetten stuitte. Maar algauw bleek er wel degelijk een connectie te zijn.

XTC was onder een andere naam al aan het begin van deze eeuw door een Duitse firma gepatenteerd. In de jaren zeventig werd het door Amerikaanse underground-chemici en laboranten (onder wie veel voormalige hippies) herontdekt, tijdens hun voortdurende zoektocht naar nieuwe, effectieve chemische verbindingen. XTC was al een paar jaar populair in de Bhagwan-beweging en was, via de voormalige hippie-kolonie Goa in India en daarna Ibiza, uiteindelijk in Engeland terechtgekomen.

So turn on your braincells, tune in your ears and drop out of your apathy into dance surreality, vatte het Engelse *New Musical Express* het die zomer samen, in een parafrase op de gevleugelde woorden van voormalig Harvard-professor en *sixties* LSD-goeroe Timothy Leary. Leary zelf maakte kort daarna zijn comeback, ditmaal als ambassadeur van de *Virtual Reality*-technologie, terwijl samples van *Tune in, turn on, drop out* opdoken op talloze house-platen.

XTC, dat slechts een geringe hallucinerende werking had, kon nauwelijks de oorzaak zijn van de explosie van kleuren die muziek en grafische vormgeving van platenhoezen en *flyers* voor feesten opleverde. Die deden eerder denken aan de LSD-*art* van de jaren zestig.

En inderdaad, in het kielzog van XTC maakte LSD een comeback. Het Amsterdamse drug-tijdschrift meldde dat er zo'n tien soorten *papertrips* in omloop waren, met namen als yin & yang, gorbachovs, smiley's, aardbeien, buddha's en sterretjes. Belangrijkste verschil met de trips uit de jaren zestig was de dosis LSD, die op de kleine papiertjes beduidend lager bleek te zijn. Minstens zo populair waren de 'paddestoelen' die, zoals een steeds grotere groep jongeren ontdekte, in Nederland in de vrije natuur groeiden, en waarvan het effect zeker ook viel in de categorie 'geestverruimend'.

De manier waarop acid-party's, vooral door hysterische verhalen in de Britse boulevardpers, synoniem werden met XTC, leverde veel problemen op. De Britse politie begon een ware heksenjacht (zoals later ook in Nederland), en steeds meer party-organisatoren en clubs lieten voortaan de naam acid achterwege bij de aankondiging van een feest. Maar de echo's van de *Summer of love* weerkaatsten inmiddels uit alle hoeken van de

Engelse pop, ook bij nieuwe gitaarbands als The Happy Mondays, Inspiral Carpets, Soup Dragons (die een album met de titel *Lovegod* maakten) en The Shamen.

The Shamen waren begonnen als een neopsychedelische gitaargroep met politieke teksten (*In Gorbachev we trust* heette een van hun eerste albums), maar transformeerden in korte tijd tot een echte house-band. Politiek maakte plaats voor spiritualiteit, idealisme en het geloof in de eigen ongekende krachten ('*I can move any mountain*').

En dan was er Boy George, die – na afgekickt te zijn van een heroïneverslaving – house ontdekte, een eigen label opzette en een volgend hoofdstuk in zijn carrière begon onder de naam Jesus Loves You. Net als Beatle-George twintig jaar eerder bekeerde ook deze George zich tot de Hare Krishna.

Oosterse religie, filosofie en muziek staken ook in de zomer van 1988 weer de kop op. Zo gebruikte de groep Garden of Eden een sitar in hun eerste hit, maar veel meer house-platen bevatten Indiase en Arabische elementen. Ook Afrikaanse muziek was een bron van inspiratie. De overeenkomst tussen de trance dance van primitieve culturen en de hypnotiserende house-beat was vanaf het begin duidelijk.

Het was ook niet toevallig dat er lijnen liepen van de nieuwe elektronische muziek naar de new age-beweging, al beschouwde die de jonge dansgeneratie vooral als onverantwoordelijke space-piloten voor wie trips weinig meer waren dan een uitstapje naar een psychedelisch Disneyland.

Alsnog werd op veel party's geprofiteerd van de verworvenheden van de new age-beweging. Zoals de *brain machine*, een apparaat dat elektronische pulsjes uitzendt die ontspannend werken: de hersengolven gaan in dezelfde frequentie meevibreren. Ze werden vooral gebruikt in de *chill out*-ruimtes op party's, waar de vermoeide dansers even op adem konden komen. Hier werden ook heel andere platen gedraaid: *ambient house*, zweverige muziek, vaak zonder beat, met dezelfde rustgevende sfeer als de 'echte' new age. Grote klassieker van de *ambient house* werd het meer dan vijftien minuten durende epos van The Orb: *A huge evergrowing pulsating brain that rules from the centre of the ultraworld*.

De Engelse *Summer of love* van 1988 was nog maar het begin: house heeft zich inmiddels tot in de verste uithoeken van onze aardbol verspreid, en de popwereld definitief een ander aanzicht gegeven.

Dat het hier ging om een revolutie, werd misschien nog wel het meest duidelijk uit de reactie van de gevestigde rockwereld, die eerst had geprobeerd om het nieuwe fenomeen te negeren en het 't liefst afdeed als een irritante, kortstondige trend. De grote platenmaatschappijen wisten er geen raad mee. Radio en tv moesten er niets van hebben, evenals de schrijvende pers, die in eerste instantie verontwaardigd reageerde op de komst van zo'n lelijk muzikaal gedrocht. 'De terreur van het niets', zoals Fons Dellen het in zijn column in *Het Parool* noemde, waarmee hij de toon zette voor de houding van de schrijvende pers in Nederland in die eerste jaren. De steeds opduikende verhalen over dat house nu toch echt over zijn hoogtepunt heen was (voor het eerst gelanceerd in het najaar van 1988), begon zes jaar later wel erg duidelijk te klinken als *wishful thinking*.

Het deed nog het meest denken aan de manier waarop rock & roll in de jaren vijftig door de gevestigde (jazz-)orde was afgedaan als 'jungle-muziek' van 'talentloze non-muzikanten'. Voor het eerst sinds de punk was te zien hoe de rebellen van de vorige generatie het nu zelf moeilijk hadden met iets dat nieuw en anders klonk.

House mocht dan een nieuwe uitdrukking zijn van hetzelfde waar het in de oorspronkelijke rock & roll ook om draaide – opwinding en energie – maar toch werd die link maar zelden gelegd. Ook rock & roll was dansmuziek geweest. *Shake, rattle & roll*: daar ging het om op een party: je lekker losschudden, je even bevrijden van alles wat je de hele week had beziggehouden.

Maar in het stijve, calvinistische Nederland was dansmuziek altijd al beschouwd als een minderwaardige muziekvorm: leeg, inhoudsloos, escapistisch. Het was ook niet zo verwonderlijk dat de Evangelische Omroep fel van leer trok tegen house en in een aantal documentaires (met de toon van een propagandafilm) probeerde te waarschuwen voor de nieuwe muziek, en de manier waarop 'de duivel zich kenbaar maakte'.

Devil's music. Zo was de blues in de jaren dertig ook al genoemd.

Een van de belangrijkste effecten van de afwijzing van de traditionele rockwereld, was het feit dat de nieuwe muziek een heel eigen richting kon volgen, en niet langer voortbouwde op de verworvenheden van de rockwereld. Het was een nieuwe cultuur, met nieuwe uitgangspunten en idealen, andere regels en wetten. Net als in de Amerikaanse hiphop moest alles vanaf de grond worden opgebouwd: eigen labels, eigen produktie- en distributiekanalen, eigen radioprogramma's, piratenstations, een eigen pers, et cetera.

Het had alles van het wilde westen, met pioniers, goudzoekers en bandieten, die zich allemaal een plaatsje probeerden te verwerven in die nieuwe wereld. Vaak leek het erop dat het wiel opnieuw uitgevonden moest worden: de knowhow van veertig jaar rock & roll bleef grotendeels verborgen voor de nieuwe generatie.

Dat was te merken ook. Party's waren vaak slecht opgezet, omdat de organisatoren geen enkele ervaring hadden, of omdat beunhazen en handige zakenmannetjes opeens hun kans schoon zagen om snel even geld te maken. Labels gingen na een vliegende start ook zo weer over de kop, omdat de jonge platenbonzen zich weliswaar met veel enthousiasme op de nieuwe muziek stortten, maar elk zakelijk inzicht bleken te missen.

Maar tegen de verdrukking in, en met veel vallen en opstaan, bleef de house-*scene* groeien. Midden jaren negentig is het een van de bloeiendste takken van de popwereld. Een jong universum, waarin alles nog voortdurend in beweging is.

(1994)

Everything starts
with an E – Manchester

Het leegstaande pakhuis aan de snelweg naar Stockport ziet er spookachtig uit in het schamele licht van de straatlantaarns. Een gigantische bakstenen kolos, vervallen monument uit een tijd dat Manchester nog een bloeiende industriestad was. Het zwaaiende knipperlicht van een politiewagen is al van verre te zien. 'Shit,' mompelt onze Engelse chauffeur. 'De politie zou toch niet weer?'

'Sorry, *lads*, het feest gaat niet door. Wegwezen!' snauwt een norse agent bij de toegangspoort van het terrein. Opnieuw heeft de politie een illegale 'acid-rave' weten te voorkomen. De installatie is in beslag genomen, het gebouw afgesloten, voordat er zoveel mensen binnen waren dat de politie niets meer kon doen.

Als ik terugloop naar onze auto, stopt naast me een politiewagen met piepende remmen. Twee agenten springen eruit, een derde vraagt over de mobilofoon om versterking. De inhoud van mijn tas wordt doorzocht, waarbij met name mijn microfoon en cassetterecorder uiterst verdacht blijken. 'Wat is dit, een zender?'

Na grondig te zijn gefouilleerd mogen we weer vertrekken. Een klein mirakel, zegt onze gids, want de politie arresteert op dit moment zo ongeveer elk verdacht figuur op en om 'raves' – en zeker iemand met een leren jekkie en een 'zender'. Die wordt onmiddellijk aangezien voor een van de organisatoren.

Hij heeft niet overdreven, blijkt uit de kranteberichten van de laatste weken. Zo meldt de *Guardian* op 11 december dat elf mannen, met geluidsapparatuur op weg naar een party, zijn gearresteerd. Twee dagen eerder berichtte dezelfde krant dat Leslie Thomas, een organisator van house-party's in Londen, was veroordeeld tot vijf jaar en drie maanden. Reden: '*plotting to permit premises to be used for the supply of drugs*'.

Het is slechts een van de voorbeelden van de manier waarop botsingen tussen het gezag en de jeugd in Engeland op de spits worden gedreven. Na de eerste acid-explosie in de zomer van 1988, ging acid ondergronds, na een felle hetze van de boulevardpers, die de politie had gemobiliseerd. Tot ontsteltenis van beide staken de party's een jaar later opnieuw de kop op, in leegstaande pakhuizen, vliegtuighangars, of gewoon in de open lucht. De grootste 'geheime' feesten trokken zo'n vijftienduizend bezoekers – alarmerende cijfers, die de politie opnieuw deed ingrijpen.

Sindsdien voeren gezagsdragers en jongeren een vreemde strijd, waarbij beide partijen op slinkse manieren elkaars plannen proberen te dwarsbomen. En, zoals gebruikelijk, heeft het strenge optreden van de politie een averechtse uitwerking: niets smaakt zoeter dan verboden vruchten, de jongeren voelen zich gesterkt in het idee dat ze een rechtvaardige strijd voeren: *Fight for your right to party*.

In Eastern Bloc, de bekendste platenzaak van Manchester, liggen *flyers* voor een handvol binnenkort te houden feesten. Die van Insomnia belooft behalve bekende dj's *'from the North'* een lichtshow, een grote 50K geluidsinstallatie en *'love, peace, music & life'*.

Sinds de eerste acid- en house-explosie, die in Manchester begon, heeft de stad zijn positie als centrum van de nieuwe muziek alleen maar verstevigd. Een golf jonge bands heeft de stad het bruisende middelpunt van de Engelse popwereld gemaakt. Het is een golf, die een veelheid aan muzikale genres omvat: elektronische dansmuziek, hiphop, psychedelische gitaarmuziek en een vreemd mengsel van al die stijlen in de muziek van *local heroes* The Happy Mondays. Wat al die groepen met elkaar verbindt is de trots op hun geboorteplaats.

Die trots vind je op allerlei manieren terug. Zo hangt boven de deur van een van de punkwinkeltjes in Identify – een groot warenhuis dat is opgedeeld in talloze kleine zaakjes met platen, schoenen en kleding – een bord met het opschrift *'Manchester North Of England: born in the north, return to the north, exist in the north, die in the north'*.

Het zelfbewustzijn van de inwoners heeft alles te maken met

de sociale omstandigheden: Manchester, de stad van *Coronation street*, is straatarm. De werkloosheid is er schrikbarend hoog, het Noorden van Engeland voelt zich – terecht – in de steek gelaten door de regering, die alleen oog heeft voor Londen. De 'Mancunian' moet ook niets hebben van de Londenaar, die hij zelfingenomen en arrogant vindt.

Inwoners van Manchester pareren die houding met stugge trots. De eigenaar van een kledingzaakje toont me een T-shirt met een parafrase op *Genesis*: 'On the 6th day God created MANchester'.

North heette ook de eerste verzamelplaat met de nieuwe generatie elektronische bands, waaronder A Guy called Gerald, die met het Oosters getinte *Voodoo Ray* een van de grootste underground hits van het afgelopen jaar scoorde. Deze week is de stad echter in de ban van een andere lokale house-groep, 808 State, waarvan het instrumentale *Pacific* hoog is binnengekomen in de hitlijsten. Het nummer wordt het *leitmotiv* van onze reis: het is te zien op de lokale tv, en klinkt op elk radiostation, in elke bar en natuurlijk ook in de Hacienda.

De Hacienda, de belangrijkste club in Manchester, is vier avonden per week afgeladen vol met zo'n twaalfhonderd bezoekers. Al om half zeven 's avonds staat er een rij van een kilometer voor de ingang, die zich bijna rond het hele huizenblok kronkelt. Bezoekers van de fameuze house-tempel komen zelfs vanuit Liverpool ('Daar is helemaal niets te doen').

Binnen krioelt een zwetende massa lichamen door elkaar, extatisch dansend op de elektronische ritmes die door de ruimte denderen. Dj op de vrijdagavond is Mike Pickering, wiens naam onverbrekelijk is verbonden met de ontstaansgeschiedenis van de Engelse house. Hij was het die de Amerikaanse dansmuziek introduceerde bij het Engelse publiek.

Pickering ontdekte house al in 1985 in New York, waar hij met zijn toenmalige groep Quando Quango opnam met dj-producer Mark Kamins: 'De eerste platen die ik meenam uit New York waren onmiddellijk een succes in de Hacienda. Het publiek pikte het meteen op. Vanaf dat moment was het elke vrijdagavond stampvol.'

Dat house juist in Manchester aansloeg, was niet helemaal toevallig, volgens Pickering: 'Het Noorden heeft altijd een belangrijke clubcultuur gehad. Vanaf de jaren zestig had je de 'Northern soul', die je in veel opzichten kunt vergelijken met wat er nu gebeurt. De muziek was voornamelijk afkomstig van obscure Amerikaanse platenlabels, terwijl de dansmarathons ook toen tot in de ochtenduren duurden.

Trance dance: in Manchester is het zoeken naar extase ongeveer een manier van leven. Dat is ook een van de belangrijkste verschillen tussen Manchester en Londen, waar de danswereld nog meer wordt bepaald door mooi zijn en flirten.

Muziek en mode hebben in Manchester in ieder geval weinig met elkaar te maken. *Underdressing* is nog zwak uitgedrukt als je het publiek in de Hacienda bekijkt. In de rook en hitte is mooi zijn wel het laatste wat er nog toe doet. Hier vind je eigenlijk alleen bleke gezichten, bijna doorschijnend door een chronisch gebrek aan zonlicht, de haren tegen het zwetende voorhoofd geplakt.

Het is een muziekbeleving die teruggaat tot de oertijd: muziek als magie, als middel om een hoger bewustzijn te bereiken. De dansmarathons zijn een ritueel, waarbij de discjockey als magiër optreedt. Platen zijn de ingrediënten voor zijn hallucinerende toverdrank, waarmee hij zijn publiek meevoert naar een bevrijdende catharsis.

Gemeen ogende boomlange zwarte *bouncers* lopen tussen het publiek rond om de orde te bewaren. Maar problemen zijn er zelden: de sfeer onder het kleine kaboutervolkje is vredig. Met wazig starende blik dansen ze onafgebroken tot sluitingstijd – pupillen zo groot als schoteltjes.

Drugs zijn altijd een onderdeel geweest van de popmuziek: pep bij de eerste beatgroepen en de Mods, hasj en LSD in de hippietijd, speed bij de punks. Elk middel heeft op een bepaalde manier zijn stempel gedrukt op de toenmalige muziek*scene*, zoals XTC dat nu in Manchester doet.

De straffen zijn niet misselijk, maar het repressieve beleid van de politie heeft weinig meer opgeleverd dan een stijging van de prijzen en een daling van de kwaliteit – vooral nu de onderwereld zich ook met de verkoop is gaan bemoeien, zoals een van de bezoekers van de Hacienda me toevertrouwt.

Er is me altijd verteld dat Manchester een onooglijke en sombere stad is, een sfeer die nog wordt versterkt door de voortdurende regenval. Maar dit weekend schijnt een aangename novemberzon, al is vanuit mijn hotelkamer te zien hoe een grauwsluier van smog over de stad hangt. Stakende National Health-werkers demonstreren in de straten: het Thatcher-regime heeft de gezondheidszorg weer een poot uitgedraaid.

Midden in het centrum ligt de Dry Bar, een ruim ingericht café-restaurant – eigendom van het lokale Factory-label, waar ik Factory-directeur Tony Wilson ontmoet. Wilson, een lokale bekendheid, is een keurige heer van negenendertig, die een carrière als tv-ster inruilde voor een oude liefde: popmuziek.

Na zijn studie in Cambridge, waar hij de studentenrellen van 1968 meemaakte, werd Wilson in 1971 journalist voor Granada, het tv-station van Noord-Engeland. Midden jaren zeventig werd hij presentator van *So it goes*: 'Het eerste programma dat The Sex Pistols, The Clash en The Buzzcocks op tv bracht. Voor mij was punk een herhaling van wat er in 1963 met de beat-explosie was gebeurd.'

In 1977 liet Granada aan Wilson weten dat het maar eens afgelopen moest zijn met die pop-onzin: 'Vanaf dat moment moest ik weer politieke programma's doen. Maar ik wilde erbij betrokken blijven. Daarom werd ik manager van een band, en zo ging het verder.'

Wilson richtte Factory op, een maatschappij die zich met Joy Division, en later New Order, een vaste plaats verwierf tussen de onafhankelijke Britse platenlabels. Factory is het label van The Happy Mondays, die dit weekend spelen in de Free Trade Hall: een oud operagebouw waar binnen enkele weken vrome Christmas Carols zullen opklinken. Keurige oude Engelse heertjes bij de ingang kijken verbijsterd toe hoe het statige gebouw is omgetoverd in wat nog het meest lijkt op een decor uit een Fellini-film. Publiek in ultrawijde slobberbroeken en bovenmaatse T-shirts staat op de stoelen terwijl het de uitzinnige Happy Mondays-dans danst: armen breed uitgespreid als een marionet waar een onzichtbare speler korte rukjes aan geeft.

Voorafgegaan door het hilarische *Everything starts with an E* – een verhulde lofzang op ecstacy, werkt de groep zich door een set van het debuut-album *Bummed*. Zanger Shaun gaat er al na twee nummers bij zitten, maar Bez – de mascotte van de groep – danst ongecontroleerd met twee sambaballen over het podium. Dat is ook het enige waar hij toe in staat lijkt, al was het voor de anderen genoeg reden om hem vast bandlid te maken.

Het muzikale tumult heeft de stad op zijn kop gezet en veranderd in een gekkenhuis: '*Mad chester*', zoals de groep zingt op haar zojuist verschenen plaat.

Gitarist Vini Reilly, een van de Factory-artiesten van het eerste uur, heeft wel een verklaring voor het succes van The Happy Mondays: 'Het is een echte *working class*-band. Ongeschoolde, arme Mancunians. Een groep, kortom, waar het grootste deel van de bevolking zich mee kan identificeren. Ze praten zoals wij praten, hun teksten zijn onze teksten.'

Grappig dat iemand als Reilly zoiets zegt, want de fragiele gitarist, wiens sprankelende gitaarwerkjes eerder verwant zijn aan new age dan aan rock & roll, is allesbehalve een *working class*-rouwdouw. Toch heeft de nieuwe golf gitaarbands en elektronische groepen zijn sympathie, al was het maar omdat ook hij parallellen ziet met punk: 'Net als bij de punk voelt de nieuwe generatie zich niet gehinderd door te weinig techniek, of een gebrekkige kennis van de theoretische beginselen. En opnieuw heeft dat een aantal verrassende vondsten opgeleverd, zoals de vreemde toonreeksen die ontstaan omdat gesampelde akkoorden op verschillende toetsen worden afgespeeld.'

Reilly is een van de muzikanten die altijd in Manchester is gebleven. Dat geldt trouwens voor het grootste deel van de lokale pop*scene*. Tony Wilson vertelt dat hij ooit de keus heeft moeten maken: hij had een nationale tv-ster kunnen worden, maar dan moest hij wel naar Londen verhuizen. Op de vraag waarom hij dat niet heeft gedaan, reageert Wilson verbaasd: 'Omdat ik van Manchester hóú. Er hangt hier een sfeer van warmte, vriendschap en gastvrijheid, die maakt dat iedereen hier blijft en hier weer investeert. De tragiek van Liverpool, een stad met dezelfde problemen als Manchester, is dat iedereen die het heeft gemaakt, vervolgens vertrekt.

Hij noemt het voorbeeld van The Beatles: 'De Merscybeat-explosie heeft Liverpool uiteindelijk niets opgeleverd. Toen de Beatles gingen investeren, deden ze dat in Londen, in het Appleconcern. Het resultaat is dat Liverpool nooit is veranderd, het is nog steeds hetzelfde *shithole*.

Mancunians zijn anders, vindt Wilson: 'Neem 10CC, toen die succesvol werden, kochten ze hier een studio waar later New Order weer opnam. Toen die groep succesvol werd, kocht ze de Hacienda, terwijl bassist Peter Hook investeerde in de Suite 16-studio.'

In Suite 16, in een buitenwijk van de stad, ontmoetten we Hook. Dit is een legendarische plaats, want hier maakten bijna alle lokale punkbands, zoals The Buzzcocks, hun eerste singles. In deze kleine ruimte nam ook Joy Division al hun platen op. Aan de muren hangen grote zwart-witfoto's van zanger Ian Curtis, die in 1980 een eind aan zijn leven maakte. Later begonnen de andere groepsleden New Order.

New Order is de bekendste groep van de stad, en niet alleen een van de populairste bands van de stad, maar ook *big* in Amerika. De band is altijd trouw gebleven aan Factory, ondanks aanbiedingen van zo ongeveer alle *majors*. Peter Hook prijst de sfeer en de aanpak van het label: 'Jarenlang werd er niet eens met contracten gewerkt.'

Ook dj Mike Pickering was vanaf het begin onder de indruk van de *spirit* van Factory: 'Ik hing er eerst alleen rond, tot ik op een gegeven moment zoveel deed dat ik in vaste dienst ben gekomen.'

Pickering heeft een goede neus voor nieuw talent. Voor het danslabel Deconstruction ontdekte hij de hit *Ride on time* van het Italiaanse Black Box, daarnaast was hij talentscout voor Factory, dat hij op het spoor van The Happy Mondays bracht. Zijn antwoord op de vraag hoe zo'n brede belangstelling is te verklaren, is simpel: 'Ik maak geen onderscheid tussen stijlen. Voor mij zijn er maar twee soorten platen: goede en slechte.'

Die houding noemt hij ook typerend voor Manchester zelf: 'Muziek heeft hier niets te maken met mode. Het publiek is ook niet geïnteresseerd in wat ze in de muziekbladen lezen, maar in wat ze goed vinden.'

Pickering is blij verrast dat de explosie die in de Hacienda werd ingezet ook effect heeft gehad op de lokale pop*scene*: het jonge talent heeft een geweldige duw in de rug gekregen. Veel nieuwe bands maakten hun debuut in een nieuw popprogramma dat Tony Wilson presenteert: *The other side of midnight.*

Wilson was er opnieuw als eerste bij. Herhaalt de geschiedenis zich? Hij hoeft er geen moment over na te denken: 'Een structurele analyse is heel simpel – 1956: rock & roll, 1963: de beat-explosie, 1967: psychedelica, 1976: punk, en 1988: house. Het zijn allemaal dezelfde bewegingen met hetzelfde momentum.

Een jaar geleden vroegen we ons af of er soms hetzelfde aan de hand was als met de punk. Met Kerstmis wisten we het zeker. Vreemd genoeg duurt deze golf veel langer, terwijl die vergeleken bij de punk veel sneller bovengronds is geraakt. Wat er nu gebeurt heeft zelfs meer impact dan de psychedelische golf van 1967. Toen ging het trouwens ook niet zover dat nachtelijke party's duizenden mensen trokken.'

Een stem uit een politiemobilofoon snerpt door de nacht. Kleumend staat een laatste groepje jongens en meisjes langs de snelweg naar Manchester. Het feest gaat niet door, wat nu?

'Waar wachten jullie nog op?' bromt een van de agenten, terwijl hij de feestgangers argwanend opneemt. Het aarzelende antwoord klinkt bijna als een vraag: 'Op de bus.'

'Om drie uur 's nachts?' Hoofdschuddend loopt hij weg: de jeugd is reddeloos verloren.

(1989)

Niets is zo veranderlijk als de wereld van de popmuziek. Drie jaar nadat dit verhaal werd geschreven waren The Happy Mondays uit elkaar, terwijl het Factory-label niet lang na zijn tienjarige jubileum over de kop ging. De Hacienda moest enige tijd sluiten, omdat de club onveilig werd gemaakt door elkaar beconcurrerende drugsbendes (een dreiging die al werd aangekondigd in de reportage).

Het politie-ingrijpen op openlucht-party's werd steeds strenger, zeker toen in de loop van de jaren negentig het legioen *travellers* steeds groter werd. Rondreizend in aftandse busjes, werden deze hippie-punk-housers (*crusties*, zoals ze nu genoemd worden) tot de zigeuners van de moderne Engelse samenleving. De Britse regering ondernam al diverse pogingen om het nieuwe fenomeen de kop in te drukken door nieuwe wetten uit te vaardigen, die allerhande samenscholingen (en dus openlucht-party's) onmogelijk zouden moeten maken.

Dj Mike Pickering werd wereldberoemd met zijn groep M-People, waarmee hij platen maakt op het lokale Deconstruction-label. In de lente van 1994 ontmoetten we elkaar weer, toen M-People in het Amsterdamse Paradiso speelde. De groep was inmiddels zo bekend in Engeland, dat de bandleden zich zelfs in het Americain onder valse namen hadden laten inschrijven, om mogelijk lastige fans op afstand te houden.

'Weet je zeker dat je me nog wel wilt kennen?' vroeg Pickering met een scheef lachje, toen we elkaar begroetten. Want ook in de house-wereld staat hitsucces zo ongeveer gelijk aan verraad aan de goede zaak: de underground.

(1994)

Love Parade – Berlijn

Dit moet de vreemdste optocht zijn die ze ooit gezien hebben. Met open mond vergapen de Berlijners zich in 1991 aan de kilometers lange stoet, die zich dansend over de Kurfürstendamm beweegt: de Love Parade.

Zo'n zevenduizend jongeren dansen op, naast en achter versierde vrachtwagens, legerjeeps en trucks met opleggers. Elke wagen heeft zijn eigen geluidsinstallatie, die de rest van het veld probeert te overtroeven in volume. In de heksenketel die door de Berlijnse binnenstad schalt is de penetrante boem-boem-beat de enige constante.

Een openlucht house-party, die afwisselend doet denken aan het Carnaval in Rio en een *sixties-happening*: Berlijn beleeft een festival dat een verre echo van *love, peace & music* lijkt te zijn. Nu is het motto: *The spirit makes you move*. Want, zo vindt de organisatie: '*Der Spirit von House ist Freedom. Love. Peace. Unity. Respect. Tolerance. Fun.*'

En voor een paar uur, zaterdagmiddag tussen vier en acht, kan Berlijn daar even een glimp van zien. De menigte danst uitbundig, terwijl de inwoners van de stad (vingers in de oren vanwege die herrie) geamuseerd toekijken. De energie en vrolijkheid missen hun effect niet. Steeds meer toeschouwers sluiten zich bij de optocht aan – van zwervers, bierfles in de hand, tot bejaarde echtparen, die voorzichtig ook een huppeltje wagen.

Ze waren samengekomen uit alle hoeken van de wereld. Met een paar extra ingezette chartervluchten uit Amerika en Engeland, er waren delegaties uit Finland, Zweden, Oostenrijk, Zwitserland, Italië, en een grote afvaardiging uit de belangrijke techno house-centra van Duitsland. In de Hamburgse touringcar kon je lichaam en geest alvast op elkaar afstemmen met *brainmachines*. De Frankfurt-*posse*, een duizendkoppige delegatie, had een paar complete treinen geregeld met aparte wagons, waar iedereen zich alvast warm kon dansen. Ook Stuttgart, Leipzig, Dresden en de Space-club uit Köln waren gekomen voor het driedaagse Love-festival, dat donderdag werd geopend in de Tresor.

De bekendste club van voormalig Oost-Berlijn ontleent zijn naam aan zijn oorspronkelijke functie: schatkamer. Voor de oorlog was het de kluis van wat toen het grootste warenhuis van Europa was. Het traliewerk in de muffe kelder herinnert er nog aan, evenals de kluizen aan de muur, opengebroken en leeggeroofd door de Russen toen ze dit deel van de stad veroverd hadden. Behalve een club is Tresor ook de naam van een platenlabel, die de release viert van de verzamelplaat *Berlin 1992, Auferstanden aus Ruinen*.

Tresor heeft bijna vanaf de oprichting contact gezocht buiten Duitsland. In Detroit, waar het een aantal van de pioniers van de techno (Blake Baxter, Eddy Flashin' Fowlkes) onder contract nam, en in Engeland, waar het compilatie-album verschijnt bij het nieuwe danslabel Nova Mute.

'Er zijn geen grenzen meer voor de *house nation*, we leven per slot van rekening in een *global village*,' zegt de Japanse filmer, die dit weekend naar Berlijn is gekomen voor de Love Parade. Zijn vriend, een dj en video-artiest, wil hier contacten leggen met Europese muzikanten en groepen, die misschien gebruik kunnen maken van zijn psychedelische computer-art.

'Moeten we hier de oorlog mee winnen?' Je ziet ze 't denken, de militairen die toekijken hoe een bonte verzameling technofreaks is neergestreken op het terrein van het regiment Felix Czerzinsky, het voormalige elitekorps van Honecker. Iedereen is het er over eens dat er geen betere plaats was om een party te houden, en zo de negatieve vibraties van vroegere jaren te vervangen door *love*.

Voor de beroepsmilitairen is het misschien een cultuurschok, maar de jeugd uit het voormalige Oostblok heeft opvallend weinig moeite om aansluiting te vinden bij het Westen. House-party's en techno-clubs zijn er van Oost-Berlijn tot Praag, terwijl de hoogtepunten uit de nog jonge, nieuwe muziekgeschiedenis al bijna mythische vormen hebben aangenomen: het eerste feest in het ruimtevaartmuseum in Moskou, waar grote spoetniks boven de dansende menigte hingen, of de party op het dak van een groot flatgebouw in Sint Petersburg, waar de lasershow werd verzorgd vanuit Russische legerhelikopters.

De *Huge Love Party* wordt gehouden in twee oude pantserwagen-loodsen, waar videoschermen en metershoge schilderingen de ruimte nog enigszins gezellig moeten maken. Hoogtepunt van de eerste nacht valt rond een uur of vijf in de morgen bij het optreden van Frankfurt-dj Sven Vath.

De 'ongekroonde koning van de Duitse hard house' oogt met zijn bizarre kleding en haardracht als een mutant uit een science fiction-film. Met weidse armbewegingen lijkt hij de menigte te willen bezweren, maar zijn uur durende trance-muziek is ook werkelijk opzwepend.

Een dag later staat hij, zwaaiend met een fluorescerende plastic *space-gun* boven op de grote truck van de Frankfurt-delegatie, terwijl hij de menigte besproeit met zijn waterpistool.

Het had twee maanden niet geregend in Berlijn, maar een uur voor het begin van de Love Parade breekt een waar noodweer los. Op het moment dat de stoet zich in beweging zet is het weer droog, maar vlak voordat de eerste wagens ruim drie uur later het eindpunt bereiken, begint het hemelgeweld opnieuw. Het regent zo hard dat iedereen binnen de kortste keren doorweekt is.

Can you feeeeeel it? De stem van Marusha, de populairste radio-dj van de stad, schalt over de menigte, die antwoordt met applaus, gejoel en het snerpende geluid van duizenden scheidsrechtersfluitjes.

Marusha presenteerde een house-programma voor de Oostduitse Staatsomroep, dat ook in het Westen zoveel beluisterd werd dat er een storm van kritiek losbarstte toen haar programma na het neerhalen van de Muur dreigde te verdwijnen. Marusha bleef, en het enthousiasme waarmee ze haar programma presenteert werkt even aanstekelijk tijdens de Love Parade. De energie golft in lange bogen door de massa: iedereen danst nu: housers in wijdzittende, veelkleurige danskleding naast punkers met geel, groen en roze geverfde kapsels, hippies van alle leeftijden naast *space-teddy's*

In de stromende regen komen we Uwe, een van de organisatoren, tegen. Hij is doorweekt, maar begroet ons met een stralende lach. 'Volgend jaar weer,' weet hij nu al. 'Dan willen we de Love Parade houden op "Unter den Linden", de lange, brede straat die West en Oost met elkaar verbindt. Dan zullen we pas echt uitdrukking kunnen geven aan de nieuwe eenheid. *Unity.*'

(1992)

Kraftwerk

'Hoe ziet de toekomst van de rockmuziek eruit? Die wordt overgenomen door de Duitsers en de machines.'

Het was een boze droom voor de rockpers uit het midden van de jaren zeventig: het moment dat een Duitse groep, gewapend met futuristische machines en elektronische apparatuur een toekomst schilderde waar machines en computers de dienst uitmaakten. De Amerikaanse rockjournalist en speedfreak Lester Bangs – advocaat van alle rauwe rock & roll, van de Stooges tot punk – was licht geamuseerd, maar vooral onthutst. Zijn in 1975 in *Creem* gepubliceerde artikel over Kraftwerk maakt nog eens duidelijk hoeveel moeite de toenmalige popwereld had met de nieuwe muziek uit Duitsland – de, zoals Bangs het denigrerend noemde, *Krautrock*.

Zoals in zoveel verhalen over Kraftwerk werden de twee oprichters, Ralf Hütter en Florian Schneider, afgeschilderd als figuren uit een science fiction-film: onwerkelijk stijf en emotieloos als robots. Het scherpe Duitse accent waarmee het duo zijn vragen beantwoordde, werd natuurlijk meteen geassocieerd met het Hollywood-cliché van de geniale, maar gevaarlijke professor in zijn laboratorium, Werner von Braun, nazi's, de Duitse industrie.

Kraftwerk zelf had met een repertoire van mathematisch rechte elektronische blieps en bloeps en ideeën over de *Menschmachine* stof gegeven voor dergelijke denkbeelden. Maar het is moeilijk voor te stellen dat zo weinig mensen de humor zagen waarmee de groep zichzelf en haar muziek presenteerde, en daarbij gelijk stelling nam tegen de overdreven persoonsverheerlijking en het sterrendom van de popwereld.

Ralf Hütter, een keurige, vriendelijke man van middelbare leeftijd, is inderdaad allesbehalve het type van de popster. Kraftwerk heeft zich, zegt hij, ook bewust afzijdig gehouden van de traditionele rockcultuur: 'Dat was niet zo moeilijk. De rockpers heeft ons altijd grotendeels genegeerd, met het idee dat we morgen wel weer verdwenen zouden zijn. We werden beschouwd als een *gimmick*, een *novelty*. Ons maakte het niet uit. We *wisten* dat we gelijk zouden krijgen. Dat machines en computers de toekomst waren.'

Er speelt een klein lachje om zijn lippen, alsof de loop van de geschiedenis hem in elk geval een licht gevoel van triomf geeft. Kraftwerk geldt ook niet langer als een raar buitenbeentje, maar als een van de belangrijkste namen uit de pophistorie. Er zijn weinig groepen te bedenken die van invloed waren op zo'n breed scala van popgenres: zwarte stijlen als hiphop, techno en house, Europese varianten als Neue Deutsche Welle, new beat en elektro, de muziek van David Bowie, Ryuichi Sakamoto en Yellow Magic Orchestra.

Kraftwerk was zijn tijd ver vooruit. Zo ver zelfs, dat de popwereld er meer dan tien jaar over deed om de achterstand in te halen. Daar waren twee elektronische revoluties voor nodig, aan het begin en aan het eind van de jaren tachtig. De laatste, de house-explosie, bracht de muziek van Kraftwerk nogmaals tot klinken: in de vorm van gesamplede fragmenten, die in ontelbare vormen opdoken in de nieuwe dansmuziek.

Het lag voor de hand dat de oude meesters zich zelf ook in de strijd zouden mengen, toen overal halve en hele Kraftwerk-imitaties opdoken, en zelfs tot de hitparades doordrongen. Maar het bleef stil. Kraftwerk zweeg, wat weer stof gaf tot de wildste geruchten over het wel en wee van de muzikanten uit Düsseldorf: ze zouden faalangst hebben, hele projecten zouden al zijn afgekeurd, de groep was uit elkaar, de groepsleden met vervroegd pensioen.

En toen was er opeens *The mix*: een Kraftwerk-*Greatest hits* met digitale herbewerkingen van oude klassiekers als *The robots*, *Trans Europe Express* en *Autobahn*. Tja. Een laffe zet was dat, want iedereen wilde juist weten hoe de *godfathers* zelf zouden reageren op de nieuwe muziek van hun muzikale kleinkinderen. Zou Kraftwerk dan inderdaad niet meer durven?

Ralf Hütter moet er om lachen. De vraag is hem in de afgelopen weken, sinds de groep aan een wereldtournee is begonnen, vaak gesteld: 'Het was geen kwestie van niet durven, maar we vonden dat we eerst deze plaat moesten uitbrengen, als ondersteuning van de tour. Volgend jaar komt er een nieuwe Kraftwerk-plaat. We zijn er al aan begonnen.'

De vijf jaar die liggen tussen *Electric café* uit 1986 en de nieuwe plaat werden besteed aan het ombouwen van de eigen Kling Klang-studio. Hütter: 'We hebben alle apparatuur mobiel gemaakt, zodat we de hele studio mee konden nemen op het podium. En het werkt!'

Een belangrijk deel van die vijf jaar was Hütter bezig met het digitaal opslaan van het eigen muzikale verleden: 'We hebben alle *sounds* van onze acht- en zestiensporentapes gesampled met een Synclavier. Dat werd tijd, want de banden waren al bezig tot stof te vergaan. De hele Kraftwerk-catalogus is nu in de sampler opgeslagen en staat, computergestuurd, tot onze beschikking.'

Vijf jaar werken aan het ombouwen van een studio en het samplen van de eigen muziek. Het is een typisch voorbeeld van de Duitse *Gründlichkeit*, die zijn stempel drukt op alles wat Kraftwerk doet. Maar juist die eigenschap lijkt een van de belangrijkste oorzaken dat de Kraftwerk-muziek altijd zo goed is blijven klinken. De abstracte puurheid van de klankenbouwsels heeft een klassieke balans, die de oude Kraftwerk-platen ver doet uitstijgen boven die van tijdgenoten, èn van latere navolgers, zoals OMD en Ultravox, groepen die inmiddels hopeloos achterhaald klinken.

Ook *The mix* ademt de sfeer van koele perfectie die zo typerend is voor het Kraftwerk-oeuvre. Het idee voor de plaat ontstond tijdens de voorbereidingen van de tournee, zegt Hütter: 'We realiseerden ons toen opeens dat er zeker illegale platen van onze concerten gemaakt zouden worden. Er hoeft maar iemand op het idee te komen om tijdens een optreden een lijntje af te tappen van de mengtafel in de zaal. Dan heeft hij een perfecte opname van de digitale *sounds*. Daarom besloten we om 't dan maar zelf te doen. En beter.'

Live gebruikt Kraftwerk behalve de complete studio ook videobeelden en robots met de gezichten van de vier groepsleden, die in de toegift een eigen dansje doen. Hütter: 'Het ziet er misschien simpel uit, maar er zit zo ontzettend veel tijd en energie in de voorbereiding. Als het eenmaal werkt... geweldig!'

Kraftwerk maakt op het podium geen gebruik van een begeleidingstape, maar brengt de muziek met behulp van computers en sequencers elke avond opnieuw tot klinken. Het geeft de groep enige ruimte om te improviseren en maakt optreden veel spannender, vindt Hütter: 'Er kan van alles misgaan, dat geeft een energie en concentratie op het podium die je nooit kunt opwekken als je met een tape werkt.'

'*Get up and dance!*' riep iemand uit het publiek tijdens het optreden in Manchester: 'Pas over tien jaar zijn ze hier weer terug.' Hütter vertelt het met zichtbaar plezier: 'Later hoorden we dat het een van de leden van New Order was geweest, die ons tijdens onze vorige tournee, tien jaar geleden, had gezien.'

De nieuwe wereldtournee kreeg in Engeland enthousiaste recensies, terwijl de concerten overal uitverkocht waren. Hütter was nog het meest verbaasd over de toeschouwers: 'Een jong publiek, vooral uit de techno- en house-hoek, dat alles wat we deden meteen begreep, dat kon ik aan de gezichten zien. Dit publiek heeft geen historische introductie nodig.'

Kraftwerk geldt voor het techno- en house-publiek als de groep waar het allemaal mee begon. Hütter reageert bescheiden met een aarzelend: 'Min of meer... we waren er vanaf het begin bij betrokken.'

Het is niet toevallig dat de nieuwe elektronische muziek zijn oorsprong vond in Duitsland, en niet in Engeland of Amerika. Hütter: 'Er was al een hele Anglosaksische rocktraditie ontstaan, met alle remmende factoren – wetten, regels, instellingen – van dien. Het naoorlogse Duitsland bevond zich in een cultureel vacuüm. Heel vreemd, maar nadat de schok van de oorlog eenmaal voorbij was, bleek het juist een heel bevrijdende situatie: we konden *alles* doen.'

Ralf Hütter en Florian Schneider ontmoetten elkaar op een jazz- en improvisatiecursus aan het conservatorium van Düsseldorf. Het was de tijd dat de Duitse popmuziek een eerste bloeiperiode beleefde. Hütter: 'Een heel inspirerende tijd. Elke stad had zijn eigen groep: Berlijn, Köln, München. Er werd veel geëxperimenteerd.'

In 1969 ontmoette het duo avant-gardecomponist LaMonte

Young, die in 1969 in München een met sinusgolf-oscillatoren geproduceerd klankbouwsel dertien dagen onafgebroken liet klinken. Vooral de elektronische muziek uit de school van Stockhausen was van grote invloed op de Duitse popmuziek van die periode, niet alleen op Kraftwerk, maar ook op groepen als Can (met Holger Czukay).

'We gingen naar concerten van Stockhausen in Köln, uitzendingen van de Westduitse Rundfunk,' herinnert Hütter zich: 'We waren goed op de hoogte, al maakten we geen deel uit van de school van Stockhausen. We waren, zeg maar, geïnteresseerde amateurs.'

De jonge groep speelde op de meest uiteenlopende kunst-evenementen, performances en *happenings* van de vroege jaren zeventig. Hütter: 'Er waren meer dan genoeg plaatsen om te spelen, Essen, Köln, Düsseldorf. En toen op een dag, na duizenden kilometers over de Autobahn, was er opeens het idee voor *Autobahn*.'

Autobahn, een tweeëntwintig minuten durend nummer, waarop de groep met elektronische apparatuur de sfeer van de snelweg schilderde, was een mijlpaal, vindt Hütter: 'Dat was het beginpunt, van daaruit ontwikkelden we ons hele concept.'

Autobahn, een hit in 1974, maakte Kraftwerk in één klap wereldberoemd. Het was het begin van een hele reeks elektronische *soundscapes*, zoals *Trans Europe Express* en later *Tour de France* – nog altijd de openingstune voor de Tour-uitzendingen van de BRT.

Reizen, in beweging zijn, is een steeds terugkerend thema bij Kraftwerk. 'Misschien omdat we altijd veel hebben gereisd,' oppert Hütter: 'En muziek is net als film: een opeenvolging van beelden. Het zijn beide kunstvormen die zich in de tijd bewegen, in tegenstelling tot statische vormen als sculpturen of schilderijen.'

Een ander steeds terugkerend thema is de wereld van machines en computers: de muziek van Kraftwerk is vaak beschouwd als een verheerlijking van de technologie. Maar zoals de groep in de zelfgeschreven persbiografie van *The mix* schrijft, ging het vooral om het demystificeren van de computerwereld. Zoals in *Computerworld* (1982), waarvan het thema niet langer science fiction is, maar huis-, tuin- en keukenrealiteit.

Het eigen tempo waarin Kraftwerk opereert, heeft alles te maken met het feit dat de groep geheel onafhankelijk is. Sinds 1970 beschikken Hütter en Schneider over een eigen studio, Kling Klang, in een oud stationscomplex in Düsseldorf. Vanaf dat moment is muziek een dagtaak voor Hütter, die een architectuurstudie opgaf om zich geheel aan Kraftwerk te kunnen wijden: 'We werken zo'n acht uur per dag in de studio, meestal met drie, vier of vijf man. Dan is er iemand bezig met het monteren van video's, iemand anders schrijft een computerprogramma, wijzelf houden ons vooral bezig met het experimenteren met de apparatuur en met *sounds*. Dat is tegenwoordig een stuk makkelijker, omdat je klanken in een digitaal geheugen kunt opslaan. De oude synthesizers konden dat niet.'

Het grootste deel van het Kraftwerk-repertoire werd gemaakt met analoge synthesizers, waarmee door oscillatoren geproduceerde golfvormen met filters werden bewerkt. Die vorm van klanksynthese leek in de loop van de jaren tachtig te worden vervangen door de digitale (FM-)synthesizers, zoals de Yamaha DX 7. De klank van de nieuwe generatie synthesizers was ongekend helder, maar het creëren van eigen *sounds* was zo ingewikkeld, dat de meeste muzikanten er maar niet eens aan begonnen. Opeens was er plaats voor een nieuwe industrie: bedrijfjes die de digitale synthesizers wel de baas konden en de zelfgemaakte klanken op floppydisks te koop aanboden. Ralf Hütter is ook om een andere reden niet zo enthousiast over de FM-synthese: 'Nadeel van de DX en vergelijkbare synthesizers is dat ze allemaal op elkaar lijken. Zo krijg je een grote eenvormigheid van geluid. Wat dat betreft hebben de analoge synthesizers veel meer karakter: elk ontwerp heeft een eigen, herkenbare klank.'

Kraftwerk heeft al vanaf het begin elektrotechnici in dienst, vertelt Hütter: 'Maar steeds krijgt die persoon dan weer een *superjob* aangeboden in een andere stad. Dan lokken we vervolgens weer iemand weg bij de research-afdeling van de universiteit. Die halen we dan over om iets te gaan doen met bijvoorbeeld synthetische spraak. Zo hebben we veel mensen gevonden van buiten de muziekindustrie. Heel verfrissend is dat. Ze hebben vaak geweldige ideeën. Zo was er iemand die een computerprogramma schreef, zodat we met onze keyboards op het podium ook de grafische computers konden besturen.'

Hütter maakt van de huidige tournee gebruik om weer eens een kijkje te nemen in de clubs en discotheken, zoals de Hacienda in Manchester ('*Very good*') of de Roxy in Amsterdam. Vanaf het balkon werpt hij even een blik op de dansvloer als onverwacht een Kraftwerk-plaat uit de speakers dendert. Het is een vreemde combinatie: de warme, zwetende lichamen op de dansvloer en de onderkoelde elektronische klanken. Hütter knikt instemmend. 'Maar,' zo voegt hij er meteen aan toe, 'zo'n harmonieus samengaan van schijnbare tegenstellingen, dat is wat we bedoelden met *Man machine*.'

De dj heeft de pitch van de draaitafel flink opgeschroefd, zodat het tempo van *The robots* aansluit bij de recente house-hits. 'Wat snel!' reageert Hütter verbaasd. 'Maar het *kan* wel zo, *it's okay*.'

Al vijftien jaar geleden was hij er voor het eerst getuige van hoe er in discotheken met de Kraftwerk-muziek werd omgesprongen: 'Ik herinner me dat ik in 1977 naar een Newyorkse club ging, er was zelfs nog geen sprake van rap. De dj draaide *Metal on metal* in een lange versie van een minuut of tien waarbij de thema's steeds verschoven. Het klonk geweldig. Dat moest ik zien, dus ben ik meteen op de dj afgestapt. Het bleek dat hij een Kraftwerk-plaat op de draaitafels had liggen èn een illegale plaat, waarop een *loop* was gemaakt van een klein deel van het nummer. Later gebruikte Bambaataa zo'n illegale persing waarschijnlijk om er op te gaan rappen.'

Rapper Afrika Bambaataa, een van de grondleggers van de Newyorkse hiphop, was onder de indruk van de Kraftwerk-muziek: '*some weird shit*', zoals hij het noemde. Hij gebruikte fragmenten van *Trans Europe Express* voor zijn eigen *Planet rock*, het nummer dat de geschiedenis in zou gaan als blauwdruk voor de latere hiphop. Een paar jaar later dienden nummers als *Metal on metal* tot voorbeeld voor zwarte muzikanten uit Detroit, die een eigen, funky elektronische stijl ontwikkelden: techno. Hütter is onder de indruk van de manier waarop muzikanten als Derrick May de Kraftwerk-traditie in een heel pure, abstracte vorm hebben voortgezet: 'We spelen binnenkort in Detroit. Ik hoop in elk geval een paar techno-muzikanten te ontmoeten.'

Het lijkt een vreemde speling van het lot, dat de blanke rocktraditie Kraftwerk afwees omdat het geen *soul* zou hebben, terwijl de zwarte muziek hen juist tot voorbeeld nam. 'Maar machines hebben óók *soul*,' meent Hütter. 'Dat is wat we altijd hebben gezegd. Je moet die *soul* alleen ontdekken.'

Je zou je kunnen voorstellen dat Kraftwerk niet al te blij is met de manier waarop de wereld aan de haal is gegaan met hun muziek, maar niets is minder waar. '*Excellent*!' is Hütters enthousiaste reactie. 'Dit is precies wat we al lang geleden voorspeld hebben. Een nieuwe generatie die is opgegroeid met elektronica. Jonge mensen, die nu op hun slaapkamer aan de slag gaan met een computer, en zelf muziekmaken. We hebben altijd gezegd dat elektronische muziek de nieuwe muziek van het volk zou worden. En dat is het nu ook: *Volkswagenmusik*.'

(1991)

De soul van een spookstad – Detroit

De telefoon in het kantoor van Mike Banks en Jeff Mills van Underground Resistance stond roodgloeiend na het verschijnen van *Riot*: 'Daar krijg je last mee!' was de boodschap van de meeste telefoontjes. 'Vooral uit Duitsland werd er veel gebeld,' zegt Banks. 'De scanderende menigte op de plaat werd daar totaal verkeerd begrepen. Maar *Riot* heeft niets te maken met de geschiedenis van Europa, of het nazisme. Het is een plaat over de rassenrellen in Detroit, in '67.'

De militante hardcore van Underground Resistance is de hardste variant van de stijl die in de loop van de jaren tachtig in Detroit opbloeide: techno. De Detroit-techno – vertegenwoordigd door onder anderen Juan Atkins, Derrick May, Kevin Saunderson, Eddie Fowlkes, Blake Baxter, Carl Craig en Marc Kinchen – vormde een blauwdruk voor een belangrijk deel van de elektronische dansmuziek van de afgelopen drie jaar.

Underground Resistance is een soort Public Enemy van de techno-beweging: 'De woede die doorklinkt in onze muziek komt voort uit de frustratie van het leven in het getto,' zegt Mike Banks. 'De agressie is het resultaat van de omgeving waar we vandaan komen.'

Terwijl aan de Amerikaanse Westcoast de *Summer of love* werd gevierd, werd Detroit op 24 juli 1967 geteisterd door het heftigste rassenconflict uit de geschiedenis van de stad: er vielen drieënveertig doden, de politie verrichtte zo'n zevenduizend arrestaties. Net als in Los Angeles woedden er grote branden, die een deel van de stad in de as legden.

Detroit, Michigan, ligt aan de grens met Canada, in wat wel 'het Ruhrgebied van Amerika' genoemd wordt. Met zijn ruim anderhalf miljoen inwoners (en nog eens vier miljoen in de uitgestrekte buitenwijken) is het de vijfde stad van Amerika. De auto-industrie – fabrieken van General Motors, Ford en Chrysler – maakte Detroit groot. Vanaf 1914, toen Ford een gegarandeerd dagloon van vijf dollar in het vooruitzicht stelde, begon een grote trektocht vanuit het Zuiden. Maar al snel bleek het beloofde land voor velen weinig meer in te houden dan een plek in het uitgestrekte getto van de Motor City.

Meer dan een derde van de Detroit-bevolking is zwart. De stad heeft dan ook altijd een belangrijke rol gespeeld in de Amerikaanse muziekgeschiedenis. Bluesgitarist John Lee Hooker werd er geboren, George Clinton – godfather van de p-funk – komt er vandaan, maar Detroit dankt zijn faam vooral aan Motown. Het Motown (*Motor-town*)-imperium van Berry Gordy gaf Detroit in de jaren zestig de glans van een stad waar het talent op elke straathoek te vinden is, en waar de hits uit de lucht komen vallen: *Hitsville*, USA.

Maar Motown verhuisde naar de Westcoast, terwijl de autoindustrie door de komst van de Japanse auto instortte. Detroit heeft nu alles van een spookstad: een verlaten monument van de tijd dat iemand nog kon geloven in *the American dream*.

Zoals in elke Amerikaanse stad met een grote zwarte gemeenschap, is dansmuziek altijd een belangrijk onderdeel van de Detroit-muziekcultuur geweest. Maar vergeleken bij de Newyorkse underground (de soul-getinte *garage*) en de Chicago-house (waarin de invloeden van Philadelphia-soul en disco nog doorklonken) was de dansmuziek die in de loop van de jaren tachtig in Detroit ontstond radicaler. Voor de niet-ingewijde klonken de platen die verschenen op de kleine, onafhankelijke platenlabels als op hol geslagen computerspelletjes: instrumentale robotmuziek, zonder kop of staart. Het werd *techno music* genoemd, naar een nummer van de muzikant die algemeen geldt als de grondlegger van de stijl: Juan Atkins.

Begin jaren tachtig maakte Atkins (29) zijn eerste platen met de groep Cybotron: 'Anita Baker komt ook uit Detroit, maar haar muziek is zo ver verwijderd van "de straat". Cybotron was de enige groep die *streetlevel* was, daarom hadden we denk ik zo veel invloed op anderen: ze konden het van dichtbij zien, het was tastbaar.'

Atkins was nauwelijks ouder dan de rest, maar hij was als eerste begonnen met muziekmaken: al in 1982 verscheen een album van zijn groep. De muziek van Cybotron was een vreemde combinatie van twee schijnbare tegenstellingen: futuristische, elektronische sounds in de traditie van Kraftwerk, en zwarte, funky ritmes. 'Zoals bijna iedereen van mijn generatie groeide ik op met de muziek van Parliament en Funkadelic,' zegt Atkins. 'George Clinton komt uit Detroit, hij is hier altijd erg populair geweest. Harde funk past ook bij de sfeer van Detroit, disco is daarbij vergeleken te soft, te gepolijst.'

Ook Kraftwerk was in die tijd erg populair in de stad – net als in New York, waar nummers als *Trans Europe Express* het voorbeeld waren voor de eerste generatie hiphop-platen. 'Kraftwerk was een van de populairste groepen op onze *highschool*,' zegt Eddie Fowlkes. 'Net als Devo en Talking Heads. Dat was wat we op party's draaiden.'

Fowlkes was een van de leden van de dj-club die Juan Atkins en twee schoolvrienden, Derrick May en Kevin Saunderson, hadden opgericht. In navolging van Chicago-dj's als Steve 'Silk' Hurley (*'silk*, omdat zijn stijl heel gepolijst was') en Farley 'Jackmaster' Funk gaven ze elkaar eigen dj-namen: Juan werd *Magic Juan* ('*magic*, omdat er een magische rust van hem uitstraalt'), Derrick May, het onrustige, drukke *enfant terrible* van de groep, heette voortaan *Mayday*. Eddie Fowlkes werd *Flashin' Fowlkes*: 'omdat mijn gebruik van de *crossfader* op de mengtafel, eh, *flitsend* was.'

Al snel maakte de jonge dj-club het mixen nog wat spannender door de platen live af te wisselen met zelfgemaakte ritmetracks. Daarvoor gebruikten ze de Roland 808, een in 1982 op de markt gebrachte drumcomputer, waarvan de heel herkenbare klanken de basis zouden gaan vormen voor de latere techno-sound. Het apparaat was inmiddels al opgevolgd door veel 'betere' (realistischer klinkende) apparaten, maar de techno-muzikanten verkozen de robuuste klank van de oude bakken als de 808, 727 en de latere 909, boven de heldere, digitale sample-drumcomputers.

In navolging van Juan Atkins, die inmiddels op zijn eigen label Metroplex platen maakte onder de naam Model 500, waren ook Fowlkes, Saunderson en May begonnen zelf nummers op te nemen. 'Juan was mijn grote voorbeeld,' zegt Derrick May nu.

'Hij heeft me alles geleerd, hij heeft vooral ook geleerd hoe muziek te *voelen. Reaching deep inside my soul.*'

Soul. 'Hoe kan techno *soul* hebben? Het is machine-muziek.' Derrick May trekt een grimas: 'Die vraag heb ik al duizend keer moeten beantwoorden, vooral aan de Europese pers. Onzin natuurlijk. Het gaat niet om de apparaten, het gaat er om of de máker *soul* heeft.'

Juan Atkins noemt het een vreemd misverstand dat elektronische muziek geen *soul* zou hebben: 'Dat *sounds* elektronisch zijn doet niet ter zake. Dat is alleen de vorm, de buitenkant. Het gaat erom wat de muziek *doet.*'

'Wat mij betreft vormt elektronica het ideale instrument om uit te drukken wat ik voel,' vindt May. 'Tenminste, als ik er snel mee kan werken. Spontaniteit is heel belangrijk voor me. Ik wil mijn stemmingen kunnen vastleggen: voel 't, neem 't op. Daarom hou ik ook meer van analoge synthesizers met schuiven en knoppen. Apparaten waarbij je steeds een ander menu moet oproepen, en steeds moet *wachten* en *wachten*, zijn niets voor mij. Ik ben geen programmeur, ik voel me trouwens al evenmin muzikant. Ik ben eerder een schilder: ik maak schilderijen met ritmes en *sounds.*'

Mayday's *roommate* in die eerste jaren was Blake Baxter, een bevriende dj, net teruggekeerd uit Chicago, waar hij platen zou gaan maken voor het DJ-International-label: 'Er kwam niets uit,' glimlacht Baxter, 'omdat ze mijn muziek uiteindelijk te *nasty* vonden.' Baxter was een van de weinige Detroit-muzikanten die vocale nummers opnamen. Zijn sensuele, half gefluisterde teksten (zoals zijn bekendste nummer *Sexuality*) draaiden voornamelijk om zinnelijk genot, wat hem later de bijnaam *the Prince of techno* opleverde. Ook zijn stijl was het resultaat van het mixen van haaks op elkaar staande muziek: *Dirty mind* (van die andere Prince) met Kraftwerk of nummers van groepen als Bauhaus of The Psychedelic Furs.

Baxters draaistijl viel beter in de smaak dan die van Mayday, die zich beperkte tot house en de nog jonge techno-stijl. 'Er kwam voornamelijk een *alternative rock*-publiek,' herinnert Baxter zich, 'dat vond de muziek die Derrick draaide maar niks. Het gebeurde regelmatig dat ze uit protest op de dansvloer gingen zitten. Dat stopte hij de muziek, stormde achter zijn draaitafels vandaan en begon te foeteren: *Fuck you fuckers, get off the floor you assholes!* Daarna ging hij rustig weer verder, natuurlijk met dezelfde muziek als daarvoor.'

Het vergde meer van zulke uitbarstingen, maar langzamerhand begon het publiek toch te wennen aan de nieuwe muziek van die opgewonden dj die, als de naald van de draaitafel stuk was of als iets anders tegenzat, een plaat aan stukken sloeg of een deel van zijn collectie over de verbaasde menigte uitstrooide. Baxter: 'Uiteindelijk stond er elke avond een lange rij voor de deur, die zich om het hele blok kronkelde.'

Rhythim is rhythim was het exotisch ogende pseudoniem waaronder Mayday in 1987 een eerste 12-inchsingle uitbracht op het door hemzelf opgerichte Transmat-label: *Nude photo*. Buiten Detroit werd de plaat nauwelijks opgemerkt, maar enkele exemplaren kwamen via de importkanalen terecht in Engeland, waar juist de eerste tekenen zichtbaar werden van een opbloeiende dans-*scene*. De muziek op de eerste Engelse houseparty's bestond voornamelijk uit platen van kleine Chicagolabels als DJ-International en Trax. Dat er ook muziek uit Detroit kwam was nog nauwelijks bekend. Maar Neil Rushton, een Engelse dj en eigenaar van het Network-label, was nieuwsgierig geworden naar de makers van die vreemde plaat. Hij belde het telefoonnummer op het label en een eerste contact werd gelegd. Kort daarna kreeg Rushton een plaat met een wit label opgestuurd, die later *Strings of life* bleek te heten.

Strings of life was een meesterwerk: een grillig bouwsel van melodieën en tegenmelodieën, met een nerveus tempo dat werd voortgejaagd door zwaar gesyncopeerde, sissende hi-hat-patronen. In de jaren daarop zou het de grootste klassieker uit het techno-genre blijken: het nummer dat alles samenvatte, wat Mayday/Rhythim is rhythim zo bijzonder maakte.

Een eerste bezoek aan Detroit bracht Rushton in contact met de belangrijkste vertegenwoordigers van de Detroit-*scene*. Hij was onder de indruk van de muziek die hem werd voorgespeeld. Later beschreef hij het als het gevoel een exotische schat opgegraven te hebben.

Toen Virgin interesse toonde in een verzamelalbum met Detroit-techno, kwam May's schoolvriend Kevin Saunderson op de valreep met een track, die hij al een jaar eerder gemaakt had: *Big fun*, een vocaal techno-nummer met zangeres Paris Grey.

Big fun werd een wereldhit. Het verscheen in de late zomer van 1988, tegelijk met het dubbelalbum *Techno – the new dance sound of Detroit*. De Engelse muziekpers bestempelde techno onmiddellijk als *the next big thing*, maar ondanks enkele succesjes bleef een echte commerciële doorbraak uit. Vergeleken bij de lichtvoetige disco-*sound* van *Big fun* (later dat jaar gevolgd door een tweede hit *Good life*), was de meeste techno te abstract en te experimenteel voor het grote publiek.

Maar de stijl zoals die was ontwikkeld door de pioniers van het genre werd het voorbeeld voor duizenden navolgers. De voorspelling dat elektronische muziek de nieuwe Volksmuziek zou worden, was begin 1990 een feit. De nieuwe elektronica was zo goedkoop geworden dat iedereen met een paar duizend gulden een eigen dansplaat kon uitbrengen. En dat was precies wat duizenden jonge *ravers* over de hele wereld deden, zodat wekelijks een ware stortvloed nieuwe produkties verscheen: enkele honderden dansplaten *per week*.

Ook de *sound* begon te veranderen. De Europese techno-stijl was niet alleen veel harder dan die uit Detroit, maar miste in veel gevallen ook de ritmische verfijning. Als de *soul* al niet uit de machine was verdwenen, dan in ieder geval toch de funk.

Intussen dreigde de muziek van de uitvinders bedolven te worden onder de gigantische stapel platen die week in week uit werd geproduceerd. Toen in de zomer van 1990 *The beginning* van Rhythim is rhythim en *Ocean to ocean* van Model 500 verschenen, werden beide platen nauwelijks meer dan bescheiden clubhits.

Daarna werd het stil. 'Het leek me beter geen nieuwe muziek uit te brengen tot de storm was gaan liggen,' reageert Juan Atkins kalm. Derrick May is feller. Hij heeft al een jaar 'materiaal voor twee albums' op de plank liggen, maar ook hij wacht 'totdat iedereen doodziek is van die *rave music*'. Hij moet niets hebben van de meeste Europese techno: 'Domme muziek is het, er zit niets in. Het is ook niet toevallig dat Amerika juist *nu* de *rave music* ontdekt. Het is muziek voor en door blanke kids, gewoon ordinaire rock & roll.'

Het wachten is nog steeds op het moment dat Atkins en May het klimaat wel gunstig achten. Wel verschenen inmiddels twee cd's met oud materiaal: *Retro-techno*, een fraaie compilatie met zeldzaam materiaal uit de periode 1985-1988 en *Relics*, met nooit eerder op de plaat verschenen werk.

De oorspronkelijke Detroit-*scene* is inmiddels uit elkaar gevallen. Kevin Saunderson kocht van het geld dat hij met zijn hits verdiende een eigen studio, waar hij platen voor Inner City en zijn alter-ego Reese opneemt. Blake Baxter en Eddie Flashin' Fowlkes tekenden een contract bij het Tresor-label in het voormalig Oost-Berlijn, waar sinds het neerhalen van de muur een fanatieke hardcore techno-*scene* is opgebloeid.

Marc Kinchen vertrok naar New York, waar hij platen maakt onder de naam MK. Ook Derrick May overweegt om zijn geboorteplaats te verlaten: 'Er gebeurt niets hier. Detroit heeft alles van een spookstad. Het doet denken aan een van die Noord-Engelse industriesteden. Veel fabrieken zijn gesloten. Na vijven is de hele binnenstad verlaten, iedereen sluit zich op in de buitenwijken. Detroit is geen plek om te leven, *a terrible place*.'

Jeff Mills en Mike Banks van Underground Resistance zijn het met hem eens, maar: 'Op een vreemde manier is de stad ook heel inspirerend. Kijk wat er met Motown is gebeurd. Op het moment dat ze naar Californië verhuisden, zijn ze alles kwijtgeraakt. *They lost the sound, they lost the people*. Detroit moet toch iets speciaals hebben.'

(1992)

Labels

Honderden nieuwe platen per week. Duizenden kleine, onafhankelijke maatschappijtjes die de markt overvoeren met hun produkten. Maxi-singles uit Engeland, Italië, België, Nederland, Amerika, Duitsland, Frankrijk en Scandinavië.

Het toekomstvisioen van de Duitse groep Kraftwerk, die voorspelde dat elektronische muziek ooit de nieuwe *Volksmusik* zou worden, is onverwacht snel werkelijkheid geworden. De digitale revolutie van de jaren tachtig bracht niet alleen de cd-speler en personal computer, maar vormde ook de aanzet tot een *muzikale* revolutie. Vooral de introductie van de sampler, een computer waarmee gedigitaliseerde klanken bewerkt kunnen worden, vormde een belangrijke impuls voor de nieuwe muziek. Het was wat overdreven te stellen dat 'een druk op de knop' genoeg was om een kant en klaar muziekstuk te produceren. Maar een nieuwe generatie muzikanten, opgegroeid met televisie, comic-strips en computerspelletjes, bleek weinig moeite te hebben de geheimen van de nieuwe elektronica te ontsluieren. Het was in elk geval niet moeilijker dan de grondbeginselen van het gitaarspelen onder de knie te krijgen, om vervolgens een bandje te beginnen.

Dat laatste was niet eens meer nodig, want met die nieuwe apparatuur kon je het allemaal *zelf*. De nieuwe popgeneratie bestond niet zozeer uit muzikanten, als wel uit *producers* die, met een beetje vaardigheid in het programmeren, ritmes en melodielijnen konden samenvoegen tot een complete compositie.

De nieuwe muziek ontstond vooral op slaapkamers en zolderkamers – opvallend veel muzikanten woonden nog bij hun ouders – maar was bedoeld om te klinken op het gigantische volume van een *house-party*. Want de house-golf die vanaf de zomer van 1988 over de wereld zwiepte, was de eerste aanzet tot een kettingreactie die een onnoemelijke hoeveelheid nieuwe platen opleverde.

Niet dat het allemaal zo geweldig is wat er op de plaat wordt gezet. Er schuilt veel kaf onder het koren. Onbeholpen probeersels staan naast toekomstige klassiekers, platte commercie en handige imitatie naast bevlogen ideeën, vreemde experimenten en een enkele geniale vondst. 'House' of 'techno' zijn al lang geen namen meer die nog de lading dekken, zelfs 'dansmuziek' niet, want veel elektronische muziek wordt niet meer gemaakt om op te dansen. Muziek voor in de huiskamer, muziek om naar te *luisteren* (*ambient*) is sinds het succes van de Engelse groep The Orb een belangrijk nieuw genre geworden. Er is muziek voor elke ruimte en stemming, en voor elke publieksgroep: van trendy clubgangers tot voetbalsupporters, van neohippies tot avantgardisten, teenyboppers en alles daar tussenin.

Het enige wat al die stijlen verenigt, is dat ze bijna uitsluitend verschijnen op kleine, onafhankelijke labels – zelfs de platen van het Nederlandse 2 Unlimited, de meest commerciële variant van de nieuwe muziek.

Zoals altijd in de geschiedenis van de popmuziek proberen de grote platenmaatschappijen grip te krijgen op de nieuwe subcultuur. Dat blijkt niet eenvoudig, vooral doordat de nieuwe muziek kennelijk aan geheel andere wetten dan de traditionele rock gehoorzaamt. Meestal blijft er weinig anders over dan een (distibutie-)deal te sluiten met zo'n klein label, dat de gespecialiseerde knowhow bezit die de grote maatschappijen ontberen. Zo nam BMG het maatschappijtje Deconstruction (het succesvolste Engelse singles-label van het afgelopen jaar) onder zijn hoede, evenals Logic – het label van de Duitse groep Snap!.

Het aandeel van de onafhankelijke maatschappijtjes is groter dan ooit. Een duizelingwekkende hoeveelheid grotere en kleinere bedrijfjes, die allemaal een graantje meepikken van de populariteit van de nieuwe muziek. Het aanbod is zo gigantisch, dat de markt voortdurend dreigt te bezwijken onder zijn eigen gewicht. Bijna wekelijks gaat er wel weer een label over de kop, voortdurend doen verhalen de ronde over muzikanten die naar hun royalty's kunnen fluiten, omdat de maatschappij failliet is. Maar voor elk label dat verdwijnt komen er twee in de plaats:

een situatie van volslagen anarchie, waarin steeds weer voor korte tijd een wankel evenwicht wordt gevonden.

Alleen al in Nederland moeten er sinds 1990 meer dan honderd nieuwe labels zijn opgericht. Ze hebben zich allemaal even enthousiast in de strijd geworpen, ongetwijfeld aangespoord door het feit dat steeds weer blijkt dat je met een beetje geluk ook een hit kunt scoren.

De Nederlandse muziek heeft enkele goede jaren achter de rug, met internationaal succes voor de groep Fierce Ruling Diva en voor de labels Global Cuts, Fresh Fruit en Djax. Rotterdam Termination Source had een wereldhit met *Poing*, Jaydee (pseudoniem van voormalig radio-dj Robin Alders) haalde de eerste plaats van de Amerikaanse Billboard 12 inch-lijst met *Plastic Dreams*. Het veelgeprezen *Ginger*-album van Speedy J. bereikte de Engelse hitlijsten, evenals *Give it up* van The Goodmen (met dj Zki uit Haarlem) en Atlantic Ocean met *Waterfall*. En dat is maar het topje van de ijsberg.

Nederland vond relatief laat de aansluiting, want in Engeland werd de nieuwe beweging al ingezet tijdens de *Summer of Love* van 1988, toen de eerste generatie house-muzikanten de nieuwe muziek ontdekte. Vergeleken met ons land, waar dansmuziek aanvankelijk vooral werd geassocieerd met 'disco', was in de Engelse subcultuur de invloed van de punk veel duidelijker voelbaar.

D.I.Y. – *Do it yourself* – was het motto waarmee de punkgeneratie het sterrendom overboord zette en *zelf* muziek ging maken. Punk bewees dat je voor het maken van platen niet afhankelijk was van de grote platenmaatschappijen. Een paar duizend gulden was genoeg om van je eigen muziek een plaat te laten persen in een oplage van vijfhonderd of duizend exemplaren. Als je die ook nog wist te slijten, dan had je meestal genoeg verdiend om een volgende plaat te kunnen bekostigen.

De eerste house-generatie, die in Engeland een groot aantal voormalige punkers telde, bracht de principes van *Do it yourself* opnieuw in de praktijk. Het is geen toeval dat een van de succesvolste Engelse producersgroepen van dit moment platen maakt onder de naam D.I.Y.

De nieuwe maatschappijtjes ontstonden meestal uit een oprecht enthousiasme voor de muziek, maar vaak ook uit de vage hoop er een inkomen aan over te houden. In het door recessie geteisterde Engeland bood de opbloeiende danscultuur een onverwachte mogelijkheid het aangename (muziek) met het noodzakelijke (brood op de plank) te verenigen. 'Een van de weinig goede dingen die het Thatcher-bewind heeft opgeleverd', was het wrange commentaar van een Londense popjournalist in 1990.

Maar een jaar later klonken vanuit Engeland al de eerste waarschuwingssignalen: het aanbod werd gewoonweg te groot. Recensenten begonnen zich in muziekbladen tegenover hun lezers te beklagen over hun *hondebaan*: er kwam geen einde aan de stapel platen die ze wekelijks moesten beluisteren. Anderen waarschuwden dat, als het zo doorging, geen enkele muzikant meer uit de kosten zou komen: de spoeling zou te dun zijn geworden. Niet dat die oproep gehoor vond. Het was ook onmogelijk afspraken te maken, de platen kwamen uit alle hoeken van de wereld.

'Het aanbod is eigenlijk te groot', oordeelt Ben Grätz van de Amsterdamse platenzaak Black beat. 'Wekelijks hebben we zo'n zestig, zeventig nieuwe titels. En dan praat ik nog niet over cd's en albums, maar alleen over maxi-singles.' Wat er in de winkel terechtkomt is slechts een deel van het aanbod, zegt hij: 'Groothandels in binnen- en buitenland laten je muziek horen, je krijgt tips van dj's, leest de vakbladen en luistert wat er in de clubs wordt gedraaid. Je bent er vierentwintig uur per dag mee bezig.'

Voordat hij Black beat (geopend in 1989) begon, was Ben Grätz verbonden aan de lokale zender Decibel: 'We draaiden dansmuziek, dus we kregen alle nieuwe dansplaten binnen. Met tien, vijftien releases per week had je het in die tijd wel gehad.' Nu moet hij wekelijks een selectie maken uit een veelvoud van dat aanbod: 'Zo'n drie jaar geleden begon het. Vanaf dat moment is er een wildgroei ontstaan. Elk land heeft nu honderden labels waar je uit kunt kiezen.'

Amsterdam telt naast Black beat nog drie andere speciaalzaken: Rhythm import, Dance tracks en Outland. 'Allemaal op loopafstand van elkaar,' zegt Grätz, 'maar stuk voor stuk winkels die goed draaien.' Ze vormen een laatste bolwerk voor het vinyl, dat in de rest van de popwereld nagenoeg uitgestorven is. De belangrijkste klanten zijn dan ook de dj's, die in elke zaak een voorkeursbehandeling krijgen: zeldzame titels worden voor dj's apart gezet. Dat is steeds vaker noodzakelijk, omdat van veel platen nog maar één oplage van hooguit enkele duizenden stuks wordt geperst.

De omzet van de winkels heeft zich het afgelopen jaar gestabiliseerd, maar het aanbod groeit. Van elke afzonderlijke titel worden dan ook steeds minder platen verkocht. 'Het aantal labels groeit nog steeds,' zegt Marcel Mertens van platenmaatschappij Play It Again Sam, die zelf platen uitbrengt of distribueert van maar liefst vierentwintig kleine labels. Mertens: 'Het nadeel van het grote aanbod is dat elke titel maar heel kort meegaat. Als een single twee weken uit is, dan is-ie *oud*. In die tijd moet zo'n plaat de kans hebben gehad opgepikt te worden, want daarna is het te laat. Dan zijn er alweer zoveel nieuwe platen bijgekomen.'

Het gewone publiek kan door de bomen allang het bos niet meer zien, vindt Ben Grätz: 'Ook als je in een platenzaak werkt is dat nog moeilijk.' Dat is een van de oorzaken van de populariteit van verzamel-cd's, die een selectie uit het beste van al die afzonderlijke nummers bieden.

Commerciële cd's als *Turn up the bass*, *Houseparty*, *Move the house*, *Technotrance* en *Megadance* met voornamelijk clubhits behoren tot de best verkochte albums van dit moment. Ze vormen een belangrijkere bron van inkomsten voor de muzikanten dan de vinyl-platen. Daarnaast verschijnen er ook steeds meer verzamelaars van 'serieuze' labels als R&S, Guerilla, Warp, Infonet en Djax, die zich nu allemaal – zij het soms met tegenzin – schikken in het feit dat de cd de toekomst heeft.

'De namen van de labels zijn belangrijker geworden dan de namen van afzonderlijke artiesten,' zegt Marcel Mertens. 'Elk label vertegenwoordigt een eigen richting, een eigen stijl. Dat is waar de platenzaken nu bij de inkoop op letten. Als je een R&S-plaat of een Guerilla-plaat koopt, weet je wat je kunt verwachten.'

Een van de grote raadsels voor de gevestigde muzikale orde is hoe die muziek toch zo gezichtsloos kan zijn. Waar zijn de *sterren*? Misschien is ook dat een echo van de punktijd (*no more heroes*): de nieuwe generatie muzikanten heeft een afkeer van glamour en sterrendom.

Misschien ook zijn alle extraverte glamour boys en girls gewoon in bandjes gaan spelen, terwijl de muurbloempjes op hun slaapkamer met de computer aan de slag gingen. Maar vaststaat dat de meeste muzikanten de publiciteit schuwen, slechts in een enkel geval op een podium willen staan en dan soms nog zo ver gaan dat ze, zoals de Tilburgse Psychic Warriors Ov Gaia, er voor kiezen onzichtbaar achter een scherm te blijven.

Die gezichtsloosheid verklaart ook waarom de media niet goed raad weten met de nieuwe muziek. Verhalen over party's, het veelkleurige publiek en de drugs vormen sappige kopij, maar over de muziek en muzikanten wordt zelden met een woord gerept. Toch kent Nederland een groot aantal professionele muzikanten, waarvan de meesten bijna al hun tijd in de studio doorbrengen. Zoals de Amsterdamse producer Orlando Voorn, die vanuit zijn studio in de Bijlmer platen maakt onder een tiental pseudoniemen, steeds voor andere labels: Lower East Side, Go Bang!, ESP, Outland, Buzz en de Detroit-labels KMS en Transmat.

'Ik wilde me nooit vastleggen,' zegt Voorn. 'En omdat ik zoveel gelijk wou doen, ben ik het links en rechts gaan verkopen. Daar had ik ook geen moeite mee, om zoveel af te zetten.' Voortaan wil hij zich vooral op zijn eigen label Nightvision richten: 'Ik wil nu meer één lijn gaan trekken. Het is zo'n gekkenhuis. Laatst heb ik onder de naam Baruka een plaat gemaakt bij het label Buzz, maar dat is nu ook weer weg. Bestaat niet meer.'

Ook aan het werken met de roemruchte Detroit-labels denkt hij met gemengde gevoelens terug: 'Het was altijd een ideaal voor mij ooit een plaat voor zo'n label te maken. Maar dan kom je er toch achter dat het ook maar gewone jongens zijn, die elkaar als het moet het mes in de rug steken: *jij flikt mij wat, dan flik ik jou wat*. Het is een hele roffe bedoening.'

Detroit was met andere Amerikaanse steden als Chicago en New York de plaats waar de nieuwe elektronische muziek ontstond als een voortzetting en vermenging van drie tradities: de muziek van Kraftwerk, funk en disco. Muzikanten en dj's brachten hun muziek uit op Amerikaanse labeltjes als Trax, DJ International, Transmat en Big Beat: exotische namen die, toen de platen via de import-platenzaken Europa bereikten, een cultstatus verwierven in Engeland.

De grondleggers van de nieuwe muziek, muzikanten als Derrick May en Juan Atkins, hebben financieel nauwelijks kunnen profiteren van hun pionierswerk. Opeens moest hun werk concurreren met zo'n immense hoeveelheid andere platen, dat het nauwelijks nog opviel. Voor Kraftwerk gold min of meer hetzelfde: de groep kon zich tijdens de comeback van 1991 nauwelijks nog onderscheiden, zodat van het album *The mix* lang niet zoveel exemplaren werden verkocht als was verwacht.

'Veel bijzondere platen vallen nauwelijks nog op,' vindt Marcel Mertens. Ben Grätz: 'Er is ontzettend veel goede muziek die nagenoeg niemand ooit zal horen, omdat het ondersneeuwt.'

Graham Massey van 808 State uit Manchester, ook een groep die is verzwolgen door de grote stroom, stelde al twee jaar geleden in een interview met *de Volkskrant* vast dat veel meesterwerkjes onopgemerkt bleven. 'Ze glijden onzichtbaar voorbij,' zei hij, '*like ships in the night.*'

(1993)

De wil van de dansvloer: de dj

Elke nacht bouwt hij een mozaïek van stemmingen en sferen. Altijd weer een ander, want geen nacht is hetzelfde. Hij neemt je mee op reis, voert de spanning op of laat de energie wegvloeien in een diepe trance. Hij tovert droomwerelden en luchtkastelen tevoorschijn, of iets wat veel weg heeft van Dante's *Inferno*.

'Als discjockey probeer je een verhaal te vertellen,' zegt Roxy-dj Joost van Bellen, 'een verhaal waar een lijn in zit, zodat je van de ene emotie in de andere wordt getrokken. Iets wat landschappen laat zien van muziek. Je kunt tot extatische hoogten gaan, of extatische diepten – zodat er alleen nog een basdreun overblijft en de hele zaak als het ware door de vloer zakt.'

Dj Dimitri: 'Je neemt het publiek mee op een *journey*, door de jungle, door de stad, door de industrie.'

'*A mood thing*,' noemt Mazzo-dj Paul Jay het: 'Je reageert op het gevoel van het moment, je bouwt dynamische spanningsgolven met ritmes en *sounds*.'

De discjockey. Koptelefoon met de schouder tegen het ene oor gedrukt, zet hij met vlugge vingerbewegingen de volgende plaat scherp. Geconcentreerd, licht voorovergebogen achter zijn twee draaitafels. Nauwelijks zichtbaar voor het publiek in de zaal, maar zelf houdt hij de dansvloer voortdurend in de gaten.

De taak van de discjockey lijkt simpel: hij moet ervoor zorgen dat het publiek gaat dansen, en *blijft* dansen. Dat is gemakkelijker gezegd dan gedaan. De dj moet aanvoelen wat de dansvloer op een bepaald moment wil, en daar al improviserend op reageren. Hij moet niet alleen beschikken over muzikaliteit en improvisatievermogen, maar ook over de technische vaardigheid om platen zo in elkaar over te laten lopen, dat de *groove*, de *swing*, in een vloeiende lijn doorgaat – tenzij hij die lijn doelbewust wil verbreken.

Paul Jay: 'Techniek is belangrijk, maar niet het enige. Virtuoos kunnen mixen is aardig, maar het wil nog niet zeggen dat je een avond op gang kunt brengen. De internationale top-dj's produceren *ace mixes*, ze beschikken over een fabuleuze mixtechniek, maar daarnaast hebben ze een geweldige platenkeus.'

Ooit werd de dj misschien beschouwd als 'de man die de plaatjes opzette', maar die tijd ligt ver achter ons. In de afgelopen jaren is de discjockey uitgegroeid tot een van de prominente figuren van de nieuwe popmuziek. Prince, Madonna, Michael Jackson en U2 laten hun platen remixen door bekende namen uit de internationale dj-wereld, terwijl Britse dj's een sleutelrol speelden in de Engelse popmuziek vanaf de Manchester-golf van 1989.

Ook in Nederland is, sinds de zomer van 1988 en het pionierswerk van Eddy de Clercq en zijn mede-dj's in de Amsterdamse Roxy, een complete dj-cultuur ontstaan. 'Het veranderde het leven van zo ontzettend veel mensen,' zegt Paul Jay. 'Er is nu een *house-nation*, en een *house-generation*.'

De bekendste dj's zijn inmiddels full-prof, een groot aantal van hen, onder wie EDC, Dimitri, Marcello en Dano neemt ook zelf platen op. Sommigen scoorden zelfs top 10-hits, zoals Roxy- en Waakzaamheid-dj Ardy B. met de groep Sequencial en dj Ronald Molendijk met *De rode schoentjes*.

Uit de namen van de dj's kan het publiek meestal al opmaken wat het kan verwachten. De twee buitenste vleugels van de nieuwe dansmuziek worden vertegenwoordigd door snoeiharde gabber (een soort heavy metal van de house) van dj's als Dano, en de relatief 'rustige' jazz dance van dj Graham B. Tussen die twee uitersten ligt een wereld van stijlen, van mellow tot acid, Detroit- of Euro-techno, tribal, trippy house, trance, soul-getinte *garage* en nog een reeks andere stijlen. Elke dj vertegenwoordigt een deelgebied, al beheerst de 'eredivisie' bijna altijd meerdere stijlen.

De dansexplosie van 1988 bracht dj's samen uit alle hoeken van het muzikale universum. Zo begon Paul Jay zijn carrière als punkzanger, maar schreef hij in de late zomer van '88 geschiedenis door met zijn Engelse collega Graham B. de eerste grote acid-party in een loods te organiseren (*London comes to Amsterdam*). Vroeger placht hij met een groep vrienden ongevraagd privé-feestjes binnen te vallen: 'Het eerste wat we dan deden was de muziek overnemen. We stopten een eigen cassette – reggae, die ik thuis had opgenomen – in de recorder, draaiden het volume flink omhoog en brachten de party pas echt aan de gang.' Van reggae met zijn space- en dub-effecten naar de latere acid en house was voor hem 'een kleine stap'.

Los van zijn muzikale verdiensten, heeft de discjockey van zich doen spreken door de manier waarop hij de platenindustrie in verlegenheid bracht: dj's weigerden unaniem om over te schakelen op cd. De recalcitrante houding van de dj-wereld is er de oorzaak van dat het oude, vertrouwde platen-vinyl nog altijd niet helemaal verdwenen is. Platenperserijen draaien nu bijna uitsluitend nog op een produktie die bestemd is voor discjockey's. De platenindustrie heeft zich er – mopperend – bij neergelegd. Dj's zijn te belangrijk om te negeren: veel pophits ontstaan nu eenmaal in de clubs.

Waarom verkiest een discjockey vinyl boven de cd? Sommigen vinden platen gewoon beter klinken. De lichte vervorming die vinyl geeft, maakt dat de elektronische klanken wat meer *body* krijgen. De sound van de dj-draaitafels – robuuste Technics-modellen met een pitch-control en een snelstartknop – is inderdaad fantastisch: strak en direct, onverbiddelijk bijna.

De cd heeft als bijkomend nadeel dat je er niet zo makkelijk mee kunt mixen. Weliswaar zijn er al diverse modellen met pitch-control op de markt, maar de dj-wereld is nog niet overtuigd. En mixen is nu eenmaal een van de pijlers van het dj-en.

De gedachte achter het mixen is, dat de beat eeuwig moet doorgaan. Het is een traditie die de house overnam van de disco, waar het idee ontstond van de disco-mix: lang uitgesponnen versies van wat in de meeste gevallen gewoon popliedjes waren.

De dansmuziek van de jaren negentig, waaruit de dj zijn repertoire samenstelt, is extremer. De meeste platen zijn instrumentaal, worden uitsluitend gemaakt voor in de clubs, en doen niet eens meer de moeite om nog op liedjes te *lijken*. Daarom klinken top 40-hits als *Pullover* (Speedy J.) of *Poing* (Rotterdam Termination Source) ook zo onbevredigend voor wie gewend is aan de traditionele popsong.

Couplet en refrein zijn vervangen door een instrumentale *groove*, meestal nog voorafgegaan door een uitgebreid drumintro – op maat gemaakt voor de dj, zodat de plaat makkelijk is te mixen met het nummer dat eraan voorafging. Zelden klinken ze als een compleet muziekstuk, maar zo zijn ze eigenlijk ook niet bedoeld. Eerder als kleine stukjes voor de grote legpuzzel, de collage van ritmes en klanken die de dj op de avond zelf produceert. Voor zijn repertoire heeft hij (of *zij* natuurlijk, want vrouwelijke dj's – zoals Eva, Karlijn en 100% Isis – zijn in opkomst) de keuze uit een overweldigend aanbod: er verschijnen enkele honderden nieuwe dansplaten per maand, waaruit hij steeds het beste moet zien te vinden. Een professionele dj bevindt zich in de frontlinie, vindt Paul Jay: 'Elke week wacht je weer af wat er voor nieuws is binnengekomen.'

Joost van Bellen: 'Elke dj heeft zijn eigen stijl, omdat er zo ontzettend veel platen zijn om uit te kiezen. Ieder maakt ook zijn eigen sfeer – en in die sfeer kun je alle kanten op. Als het bijvoorbeeld heel warm en zweterig is, dan kun je daarop doorgaan totdat het niet meer uitmaakt en iedereen kletsnat is. Of je gaat *tropical* draaien, of juist heel rustige, langzame dingen, zoals The Orb.

Ook het licht en de lichtman en de plaats waar je draait zijn van invloed op de sfeer. In een oude loods kun je een veel ruiger geluid neerzetten, in een kille ruimte vind ik soul en *garage* heel goed passen. In Roxy, een prachtig oud gebouw, is 't juist te gek om futuristisch te draaien.'

De smaak van het publiek is grillig en onvoorspelbaar: pas op de avond zelf blijkt welke nummers werken. Dat maakt het voor een dj niet makkelijk om te bepalen welke nieuwe platen hij moet aanschaffen.

Het heeft veel van een strafcorvee, wanneer je een dj in de platenwinkel door een gigantische stapel nieuwe platen ziet ploeteren. Vaak is het ook geen pretje, er wordt veel onzin uitgebracht, negen van de tien platen zijn ronduit slecht. Maar, zoals Roxy-dj André zegt: 'Stel dat je net die *ene* plaat mist.'

Het is een eindeloze strijd die dj's met elkaar voeren als het gaat om het vinden van bijzondere platen. Hoe obscuurder hoe beter. Iedereen is op zoek naar een plaat die *werkt* en die niemand anders heeft. Sommigen gaan zelfs zo ver dat ze de labels van hun platen afplakken, uit angst dat de concurrentie achter het geheim van hun succes komt.

Vinyl platen worden overigens bijna alleen nog gekocht door dj's en *would-be*-dj's, want het publiek op de dansvloer heeft de moed allang opgegeven. In de non-stop-mix is nauwelijks te achterhalen wat de titels waren van je favoriete stukken. Daarom zijn tapes van de avond zelf populair – te meer daar ze de sfeer beter vangen dan de afzonderlijke platen. C90-cassettes gaan van de hand voor zo'n vijfendertig gulden per stuk, wat sommige dj's een aardig extra inkomen oplevert. Zeker als er, zoals in sommige clubs, naast de draaitafels gelijktijdig acht cassetterecorders meedraaien.

De popolariteit van de dj-tapes bracht dj Thimbles en twee collega's op het idee om de grootste clubhits samen te brengen op een cd, waarbij alle nummers op dezelfde manier in elkaar werden gemixt als tijdens een house-nacht. Het resultaat, *Turn up the bass house-party*, werd een doorslaand succes, en heeft sindsdien ontzettend veel navolging gekregen met verzamelaars als *Move the house*, *Technotrance* en nog een tiental andere series.

> Now listen to what the dj is spinning
> He's tapping into just what you're feeling
> Supernatural? Perhaps.

Deee-Lite bezingt in het nummer ESP het telepathische contact tussen de discjockey en publiek op de dansvloer: hij draait precies het nummer dat je wilt horen.

Bijna elke dj gebruikt vage omschrijvingen of termen als *gevoel*, *irrationeel*, *niet uit te leggen* als ze praten over die communicatie.

Dj Thimbles noemt het: 'een geheimzinnige dialoog tussen dj en publiek. Je probeert energie in de zaal los te maken en zo de avond naar een hoogtepunt te voeren.'

'Van tevoren weet je nooit wat je gaat doen,' zegt Joost van Bellen, 'dat hangt van een heleboel factoren af: je eigen stemming, die van het publiek en de wisselwerking tussen die twee.'

Voor Dimitri moet er 'een soort balans' zijn tussen dj en publick: 'Dat je evenveel energie aan de zaal geeft als je terugkrijgt. Op een goeie avond gaat 't vanzelf, dan hoef je helemaal niet na te denken. Dan voel je: *pam, die plaat moet ik hebben, pam, nu die*. Dan draai je helemaal in een *flow*.'

Dj Rein: 'Je probeert een trance op te wekken, waar het publiek in mee gaat. Het mooiste is als het contact helemaal *vol* is. Dat ze begrijpen wat je bedoelt, er helemaal in zijn, zodat je echt in de lift gaat.'

Paul Jay: 'Veel van wat je doet is onverklaarbaar, niet in woorden te vangen. Je krijgt energie van het publiek, die je in een bepaalde richting duwt. Omgekeerd klinkt je eigen gevoel op dat moment door in de platen die je kiest. De beste avond voor mij is als de handen de lucht ingaan, dat het publiek helemaal gek wordt. En dan maar doorgaan en doorgaan.'

Je zou de discjockey een moderne sjamaan kunnen noemen, die een ritueel opvoert met het publiek op de dansvloer. Niet voor niets vormen trance en extase de essentie van de dansnachten. Op de beste avonden 'gaat het dak eraf', maar soms is een dj niet zo op dreef: 'bijna altijd door chronische oververmoeidheid – soms ook wil het publiek niet. Dan is het *zweten*: een verkeerde plaat en je ziet de energie inzakken, of erger nog: de vloer valt stil.'

'Als je je avond niet hebt,' zegt Dimitri, 'dan kan je echt *zoeken*. Dan ga je tien keer je platenbakken door en dan weet je 't nog niet.'

Dj Rein: 'Als je de weg even helemaal kwijt bent, dan moet je weer opnieuw beginnen. Langzaam opbouwen, aftasten wat het publiek wil, proberen weer contact te krijgen.'

Elke dj heeft zijn eigen manier om een zaal weer op te porren. Thimbles grijpt in zijn bak met 'zekere hits', Joost van Bellen kiest voor 'vuurwerk': 'Dat knallerige. Muzikaal iemand een klap voor z'n bek geven. Of je kunt het publiek pesten, zoals Ardy Beesemer bijvoorbeeld doet. Dan draait-ie door zijn nummer *I'm the God of hellfire* een kinderliedje, *Hé Pippi Langkous*.'

Rotterdammer Ardy B. – Ordi Ardy – is ook berucht om de manier waarop hij het Roxy-publiek op stang weet te jagen door als laatste plaat een meezinger te draaien als *Het mooiste aan Mokum is de laatste trein naar Rotterdam*.

Niet dat alle dj's zo lollig zijn, hun karakters en persoonlijkheden zijn even uiteenlopend als de stijlen die ze vertegenwoordigen. Parmantige heertjes staan tegenover koele techneuten, onberekenbare wildebrassen en kamikazepiloten naast stijve puristen die alleen muziek van de 'betere' labels draaien. En dan zijn er de joviale gabbers, die eerst hun T-shirt uittrekken voordat ze eens lekker gaan *hakken*.

Hun naam siert *flyers* en posters voor party's. Marcello, Per, Antoine, Gizmo, Buzz Fuzz, Frederik, Spider Willem, Cellie, Edwin B., Steve Green en Eng Bo Kho zijn beroemdheden in de house-wereld, maar verder is discjockey een beroep met weinig glamour. Nacht na nacht zeult hij met zijn instrumentarium – twee loodzware platenkoffers met enkele honderden platen – van clubs en discotheken naar party's in kale loodsen, tunnels, afbraakpanden of pronkerige kastelen.

Zijn werktijden vereisen een natuurlijke neiging tot nachtbraken. Van elf uur 's avonds tot een uur of vijf 's ochtends. Het publiek heeft er meestal nog geen genoeg van. Dj Thimbles: 'Dan staat de politie voor de deur, want de club moet al lang dicht, maar het publiek is in trance en wil daar ook niet uit. Dan wordt er na zes toegiften nog heel liefjes gesmeekt: *please, nog eentje*. Of iemand komt met rood aangelopen hoofd aangestormd: *Gaan we er een spelletje van maken? Draaien, verdomme!*'

De nacht heeft geen einde. Daarna zijn er nog de afterparty's – de ochtendfeestjes waar het schuim van de nacht aanspoelt: de allertaaiste nachtwezens die tot de volgende middag doorsuizen. Fysiek is het dan ook heel zwaar, vindt Paul Jay: 'Het is niet voor niets dat dj's altijd zo bleekjes zien. Je werkt niet alleen 's nachts, het vereist ook totale concentratie op het moment dat je bezig bent. Je produceert ongelooflijk veel adrenaline. Als ik zes uur heb gedraaid, dan ben ik meer dood dan levend. De volgende ochtend bonkt m'n hart nog steeds.'

Dj-en is dan ook 'een verslaving' vindt Dimitri: 'Je *moet* gewoon achter de draaitafels staan. Als ik vier nachten heb gewerkt, dan gebeurt het vaak op de vijfde nacht, als ik gewoon even ergens ga rondkijken, dat ik op de dansvloer denk van: zou nu best wel zin hebben om even te draaien.'

Ook voor Paul Jay is het *a 100% thing*: 'Het neemt je compleet in beslag, je kunt er niet aan ontsnappen. De enige goede dj's zijn degenen voor wie het hun leven is. Soms denk ik weleens: er zijn toch ook *andere* dingen in het leven. Maar uiteindelijk realiseer ik me toch steeds weer: nee, die zijn er niet.'

(1992)

Jazz dance en acid jazz:
dj Graham B.

Pas kwam er iemand naar hem toe die al jaren vaste bezoeker is van het North Sea Jazz festival, maar die ook regelmatig op de jazz-bopavonden in Paradiso is: 'North Sea was vorig jaar een heel vreemde ervaring voor hem geweest, zei hij, want met al die geweldige ritmes *moest* hij gewoon wel dansen. En voor het eerst was het hem opgevallen dat het publiek nauwelijks bewoog, het had de bands op het podium alleen maar staan aan te gapen.'

'Als ik dit jaar iets zou willen bereiken met mijn optreden op de jazzfestivals,' zegt discjockey Graham B., 'dan is het wel dat *die* traditie wordt doorbroken. Dat er dus niet alleen maar wordt gekeken en geluisterd. Jazz is oorspronkelijk dansmuziek, er is geen enkele reden waarom niet iedereen zou gaan dansen.'

De jazz-bopavonden die de Engelse dj in het Amsterdamse Paradiso organiseert, zijn steevast uitverkocht. Graham B. introduceerde het idee in Nederland dat je niet alleen kunt dansen op house of hiphop, maar evengoed op jazz. Jazz dance is de verzamelnaam voor een groot aantal stijlen, van oude jazz – de hard bop van drummer Art Blakey, platen van het Blue Note-label – tot funk, latin, soul, hiphop, en de muziek van nieuwe Engelse jazz dance-groepen als The Brand New Heavies.

Op het eerste gezicht lijkt het een vreemde mix, terwijl het traditionele jazzpubliek zich in veel gevallen zal afvragen waarom bepaalde obscure platen zo'n prominente plaats innemen in de platenkoffers van de dj. Maar voor jazz dance geldt hetzelfde als voor alle andere nieuwe dansstijlen: 'Als dj luister je anders naar muziek. Waar het uiteindelijk om gaat is de vraag: hoe doet een plaat het op de dansvloer.'

Graham B. organiseert al ruim drie jaar jazz-bopavonden in Paradiso, hij heeft een radio-programma op de Amsterdamse lokale radio en is daarnaast nog dj in discotheek Richter. In die tijd heeft hij zich opgeworpen als de ambassadeur van de jazz dance – oorspronkelijk een typisch Engels fenomeen, waarvan de eerste tekenen zichtbaar werden in het midden van de jaren tachtig: 'Er was een kleine, maar fanatieke *scene*, met veel goede dansers. De muziek bestond nog uitsluitend uit pure jazz: Art Blakey, Horace Silver, Hank Mobley, Lee Morgan.

De dansers brachten het show-element terug in de jazz, de *style*. Ze zijn zich bewust van de geschiedenis, kennen The Nicholas Brothers, en hebben alle zwart-witfilms uit die tijd, Fred Astaire, noem maar op. Ze kennen ook alle originele jazz-dansen, zoals de *Lindy hop*, maar voegen daar eigen, moderne elementen aan toe: *acid dancing, body popping, breakdancing*.'

Ongeveer in dezelfde periode ontdekte Graham B. zelf de jazz: 'Dat was zo rond '84, toen er een paar compilatie-albums uitkwamen, *Jazz club 1 & 2*, en verzamelplaten van het Streetsounds-label, *Jazz juice*. Ik kocht ze meteen, vond ze geweldig, het sloot ook aan bij de muziek die ik in de late jaren zeventig goed vond: de jazz funk van Herbie Hancock en George Duke.'

Op de universiteit van Brighton was hij voor het eerst begonnen met dj-en, 'een oude droom', zoals hij het noemt: 'Ik draaide met drie anderen. Een van hen hield zich vooral bezig met jazz, hij introduceerde ook het idee dat je zulke muziek heel goed kon gebruiken in een dj-set.'

Bevriende dj's uit Brighton, Russ Dewbury en Baz fe Jazz, legden in die tijd de basis voor wat later jazz dance genoemd zou worden: 'Brighton is niet zo ver van Londen, maar beide steden worden van elkaar gescheiden door een heuvelrug, *The South Downes*, die geen radiosignalen doorlaat. Dat maakt Brighton een klein eiland, zeg maar gerust een andere planeet, totaal geïsoleerd van wat er in de hoofdstad gebeurt. We waren dan ook stomverbaasd toen we in Londen kwamen en ontdekten: '*wow*, ze zijn hier met hetzelfde bezig.'

Motor van de Londense jazz dance was dj Gilles Peterson, de grote man achter de successen van Talking Loud – het label van Galliano en Incognito – en oprichter van het Acid-Jazz-label, dat in de afgelopen jaren een hele serie *Totally Wired*-lp's uitbracht.

De term acid jazz vormde een bron van misverstanden, want wat had deze muziek eigenlijk met acid te maken? Niets, hoogstens dat de term voor het eerst opdook tijdens de Engelse dansexplosie van 1988, toen Engeland overspoeld werd door de acid house.

'Acid jazz was een grap,' zegt Graham B. 'Gilles Peterson introduceerde de naam in een radioprogramma op het moment dat alles in Engeland acid genoemd werd. Iedereen stelde zich iets anders voor bij acid jazz, het idee werd geassocieerd met de *Summer of love*, de vrijheid. De Londense jazz-*scene*, die tot dat moment heel conservatief was geweest, opende voor het eerst ook de oren voor nieuwe ideeën.'

Met partner-dj Paul Jay was Graham B. het jaar daarvoor verhuisd van Brighton naar Amsterdam ('Thatcher werd voor de derde maal herkozen, het idee om nog een ambtsperiode van haar mee te moeten maken was ondraaglijk'): 'Ik had hier kennissen wonen en Amsterdam sprak me eigenlijk meer aan dan Londen. Amsterdam is een relaxte stad, het maatschappelijke klimaat is hier veel milder dan in Engeland. Maar het is een andere cultuur, zoals je ook als dj meteen merkt. Wat ik doe, en hetzelfde geldt voor Paul Jay in de house, heeft een herkenbare Engelse kleur. Maar je kunt niet alles vertalen: sommige platen die het goed doen in Engeland, werken hier niet. Er is hier bijvoorbeeld minder behoefte aan muziek met een spirituele sfeer, zo van: *Everything's gonna be all right*. In Engeland wel, het publiek wil graag even opgetild worden, weg uit de ellende van alledag.'

Er zijn meer verschillen, heeft hij gemerkt: 'Je kunt hier niet zo soft, *mellow* draaien, de muziek moet altijd een bepaald *energie level* hebben, een scherp randje, anders komt het publiek niet op gang. Engeland is anders. Daar zijn ze zo blij dat ze op de dansvloer kunnen staan, dat ze veel sneller *gaan*.'

Paul Jay en Graham B. hadden juist hun naam gevestigd in Amsterdam met een paar *Mambo Mania*-party's, toen in Engeland de acid-rage losbarstte: 'De nieuwe acid house-*scene* was in het begin heel opwindend en vitaal. Als progressieve dj's voelden we het als onze plicht om daarin mee te gaan.'

Onder de naam Soho Connection organiseerde het duo met dj Johnson de eerste *London comes to Amsterdam*-party's, waarbij busladingen Engelse acid housers in Amsterdam kwamen feesten. Legendarisch is het weekeinde in september 1988, toen

Amsterdam voor het eerst kennis kon maken met een acid-party in Engelse stijl, met gast-dj Danny Rampling.

In die eerste periode was er nog veel plaats voor het soul-element in de house-muziek. Toen dat begon te verdwijnen en de muziek steeds harder en industriëler werd, verloor Graham B. zijn interesse en keerde hij terug naar zijn eerste liefde: jazz dance. Maar hij noemt het een misverstand dat hij nu vaak wordt beschouwd als anti-house: 'Jazz dance heeft veel te danken aan de dans-explosie van '88. Dansen werd populair, voor het eerst sinds het door de disco, en de manier waarop de industrie daar wegwerpmuziek van had gemaakt, een slechte naam had gekregen.

Acid house gaf de jazz dance ook precies de impuls die het nodig had: voor 1988 werd er nog bijna uitsluitend achteromgekeken. Iedereen zocht oud, obscuur materiaal. De *scene* miste de vitaliteit die levende muziek nodig heeft om zich te ontwikkelen. Dat is het goede van 1988, de experimentele acid jazz en de eerste goedkope verzamelplaten. Van daaruit is het gegroeid.

Jazz dance is nu een fusie van oud en nieuw – en daarmee heeft het zijn eigen toekomst gegarandeerd. Ik denk ook dat het jazz in het algemeen kan helpen om te overleven, zodat het niet blijft steken in een sfeer van nostalgie en jeugdsentiment. Hans Dulfer zei vorig jaar in een interview dat jazz dood is. Ik denk dat hij bedoelde dat het steeds meer muziek is voor en door oude mensen. Jazz dance heeft dat veranderd.'

Eind 1989 organiseerde hij de eerste *Jazz bop* in Paradiso, tijdens het feest ter ere van het eerste nummer van het *Wild!*-magazine: 'Dj's Russ Dewbury en Bez fa Jazz hadden net een Engelse jazz dance-tour gedaan. Daarom leek het ons een goed idee om ze naar Nederland te halen. Zij brachten me op het idee van de jazz bop: ze haalden muzikanten van de *old school*, zoals Art Blakey, naar Brighton. Die speelden dan op dezelfde avond met nieuwe groepen als Galliano. Op onze jazz-bopavonden ligt de nadruk iets meer op de dj's. Maar er zijn altijd live-optredens en jazz-acts, meestal dansers.

De muziek die wij draaien heeft weinig te maken met gladde Amerikaanse jazz of het andere uiterste, de belachelijk experimentele kant. Het jonge publiek had in eerste instantie vooral moeite met het *idee* dat het jazz was. Jazz is geweldige muziek, maar het moet opnieuw verpakt worden, zodat jongeren zich er makkelijker mee kunnen identificeren. En dat ze er op dansen. Wat dat betreft kwam in het begin de funk goed van pas. Daarmee lok je het publiek op de dansvloer, en zo kun je dan vervolgens naar een climax toewerken. Het heftigste moment is dan altijd een jazz-nummer. En het publiek leerde snel: na drie *bops* konden we veel verder gaan wat betreft het jazz-deel.'

Zijn idee bij het draaien is: *anything goes*, alles mag, zolang het maar goed klinkt naast de jazzplaten: 'Dus behalve de nieuwe Miles Davis of de muziek van gitarist Ronnie Jordan komt in principe ook een house-plaat in aanmerking, als die maar genoeg jazz-kleuren bezit om niet te detoneren. Er is nu zoveel om uit te kiezen dat het ook niet snel zal vervelen. Maar het blijft jazz, niet iedereen houdt ervan. Ik verwacht niet dat jazz dance ooit net zo groot zal worden als house.'

Toch kreeg de muziek de afgelopen twee jaar een onverwachte impuls, ondermeer door Spike Lee's film *Mo' better blues*. Voor het eerst sinds de *fusion* en jazz-rock van de jaren zeventig – stijlen die zich al betrekkelijk snel van de popwereld hadden gedistantieerd – doken opeens weer jazz-kleuren op: in de hiphop van groepen Gang Star (*Jazz thing*) en Dreamwarriors, maar ook in de muziek van een groot aantal nieuwe Engelse groepen, zoals James Taylor Quartet, Nighttrains, Galliano en The Brand New Heavies. Graham B. vindt de muziek ook steeds beter worden: 'De Engelse muziek*scene* heeft veel meer zelfvertrouwen gekregen, vooral dankzij het succes van Soul 2 Soul, dat is een geweldige stimulans geweest. Sindsdien is de muziek echt volwassen geworden.'

Wat dat betreft blijft Nederland nog achter. Ondanks het succes van de jazz bops wordt hier nog eigenlijk geen jazz dance van betekenis geproduceerd, al is Graham B. nu zelf bezig aan een plaat voor het Think!-label: 'Ik heb altijd gevonden dat er hier genoeg traditie is om een anker uit te kunnen gooien. Je hebt een Surinaamse muziektraditie, Latijnsamerikaanse ritmes zijn hier overal te horen en elk jaar is er wel weer een top 40-hit met een *merengue*-achtig ritme. Dan heb je de straatfestivals met al die Braziliaanse percussie.'

Toch is hij zich bewust dat jazz dance lang niet overal in goede aarde zal vallen, en zeker niet bij de gevestigde orde: 'Jazz als *kunst*, dat is de dood van de muziek. Jazz is in Nederland heel rationeel geworden. Je mag ernaar luisteren, ervan genieten, maar het is nooit eens: *get into it*. In Nederland, vooral op de conservatoria, lijkt het te gaan om het technisch kunnen, niet om de *spirit* of *the feel*. Wat mij betreft worden er teveel noten gespeeld. Waar is het hart gebleven?'

Music for the mind, the body & the soul, een uitdrukking uit de house, is wat hem betreft zeker ook van toepassing op jazz dance: 'Het is muziek die een beroep doet op je hoofd, op je middenrif en op je voeten. Een goeie solo doet je duizelen, je voelt de muziek in je hele lijf en het ritme brengt je benen in beweging. Hoewel, ik ben blij dat ik de dj ben en niet op de dansvloer hoef te staan. Soms draai ik een plaat waarvan ik dan denk: ik weet echt niet of ik hier wel op zou kunnen dansen.'

(1992)

Kroonluchters in de ondergrondse – New York

Voor de ingang van het peperdure hotel op Broadway staat een meterslange slee: eigendom van rapper Heavy D., voor wie dit zwartglanzende statussymbool het bewijs moet zijn dat hij het gemaakt heeft. De zwervers aan de overkant zijn in elk geval niet onder de indruk. Met een wijnfles in de hand tuurt een van hen wazig in de verte. Anderen slapen, niet gestoord door de lawaaiige omgeving met de tetterende claxons, sirenes en het voortrazende verkeer. De Newyorkse façade van glamour en glitter is niet meer dan een dun glanslaagje. Het is onmogelijk om lang in die illusie te blijven geloven. De gigantische wolkenkrabbers van Manhattan zijn even imponerend als ze eruitzagen in de reisgidsen, maar de drukke straten zijn smerig, het asfalt gebarsten.

Bij de trap naar een metrostation zingt een zwarte groep vierstemmig *doo wop*-klassiekers uit de tijd dat de rock & roll nog jong was. New York was toen al een van de belangrijkste broeiplaatsen van nieuwe muziek, en dat is altijd zo gebleven. In de jaren zestig was de studentenwijk Greenwich Village het centrum van de folkbeweging, in de jaren zeventig daverde de stad onder het geweld van de eerste punk en new wave-groepen, maar gelijktijdig werd er de aanzet voor de disco-golf gegeven. Hiphop was jarenlang een Newyorkse stijl, totdat het zich in de loop van de jaren tachtig over de hele wereld verspreidde, terwijl groepen als Living Colour en 24-7 Spyz pioniers waren van de nieuwe zwarte rockmuziek.

Zoals te verwachten bij een stad die zoveel culturen herbergt, hebben de afzonderlijke muziek-*scenes* weinig of niets met elkaar te maken. Sterker nog: wie een tour maakt langs de belangrijkste clubs van Manhattan, ontdekt allerlei kleine wereldjes, elk bewoond door een eigen bevolking.

In het Palladium, een voormalig theater, worden de grote popconcerten gehouden. De Cat Club is een echte (hard)rock-tent, met een langharig, in leer gehuld publiek. Wetlands is een verzamelplaats van oude en neohippies, zoals de psychedelische schilderingen en Grateful Dead-posters duidelijk maken. Naast de ingang liggen folders over mogelijke hulp bij het redden van planeet Aarde.

Legendarisch is Bitter End, een kleine bistro aan Bleecker Street in Greenwich Village, waar een muurschildering achter de bar de gezichten toont van Bob Dylan, Joni Mitchell en nog een handvol folkartiesten die er ooit hun carrière begonnen. De sfeer in de studentenwijk is gemoedelijk, het is een van de weinige stadsdelen waar je op een terrasje kunt zitten. Vergeleken met de heksenketel van Broadway is Greenwich Village een verademing, maar als muzikaal centrum telt het nauwelijks nog mee.

Vreemd hoe sommige dingen onwaarschijnlijk klein lijken in een stad van meer dan acht miljoen inwoners, waar alles *bigger than life* is. Dat geldt zeker voor CBGC, op de begane grond van een sjofel hotel aan de Bowery.

De nauwe ingang geeft toegang tot een bedompt, smal zaaltje, een pijpenla. Achterin speelt een band, nauwelijks in staat om te bewegen op het kleine podium. Er zijn hoogstens honderd toeschouwers, maar toch is het al dringen. Wie even weg wil van de tetterende gitaarmuziek, heeft weinig keus dan weer naar buiten te gaan, waar dan ook minstens zoveel bezoekers rondhangen als in de club zelf.

Het is moeilijk voor te stellen, maar dit is de plaats waar de Newyorkse punk en new wave begon, en waar bijna alle belangrijke Newyorkse bands uit de jaren zeventig debuteerden, van Television, Richard Hell en The Ramones tot Blondie, Mink De Ville en Talking Heads.

CBGB-OMFUG (Country, Blue Grass, Blues and Other Music For Uplifting Gourmandizers, zoals de volledige naam luidt, kon belangrijk worden, omdat het zo ongeveer de enige club was die een podium bood aan beginnende groepen. Wat dat betreft is er sindsdien weinig veranderd. Volgens zanger-gitarist Pat DiNizio van The Smithereens moest zijn groep uitwijken naar steden als Boston om regelmatig op een podium te kunnen staan en ervaring op te doen.

In *This ain't no disco, the story of* CBGB vertelt de eigenaar, Hilly Kristal, hoe bands als The Ramones in eerste instantie nog nauwelijks konden spelen. Maar omdat ze een van de vaste bands van de club werden, kregen ze zo de kans om steeds beter te worden. The Ramones maakten deel uit van een hele generatie groepen, voor wie Velvet Underground – ook een Newyorkse band – het grote voorbeeld was geweest.

Kristal was niet bepaald onder de indruk van de muzikale kwaliteiten van de *scene* die rondom zijn club opbloeide, maar hij herkende iets in de gedrevenheid van de muzikanten: 'Het waren jonge mensen, die – zelfs al konden ze geen instrument bespelen – muziek gebruikten om zichzelf uit te drukken. Het was inspirerend om ze hier te hebben, hoewel (de muziek) niet makkelijk was om naar te luisteren. Maar ik hield van wat ze deden, ze hadden een bepaald *licht* in hun ogen. Dat gold zeker voor Tom Verlaine.'

Malcolm McLaren, die in dezelfde periode een tijdje manager van The New York Dolls was, nam wat hij in CBGB had gezien mee terug naar Engeland, waar hij het idee in een eigen vorm goot: The Sex Pistols. Maar de leren jacks van de latere punks (geïnspireerd op het rebels image van de oorspronkelijke rock & roll-helden, Marlon Brando en James Dean) waren eerder de *look* van de CBGB-*scene*.

De Newyorkse punks (de term werd pas later bedacht) waren bijna zonder uitzondering straatarm. Een van de toenmalige koks van CBGB claimt dat de club een hele generatie muzikanten in leven hield op een dieet van chili en hamburgers. Dee Dee Ramone bevestigt het verhaal, en voegt er nog aan toe dat The Ramones aanpapten met een van de serveersters, om zich op die manier dagelijks een *gratis* maal te verschaffen.

Op een paar minuten lopen van CBGB ligt The Pyramid, in het hartje van de Lower East Side, waar bedelaars hun schamele koopwaar op straat hebben uitgestald, als een permanente Vrijmarkt.

The Pyramid, *where the exotic is ordinary and avant-garde is just a state of mind*, zoals *The Village Voice* het omschreef, is niet veel groter dan CBGB. Het is een centrum voor de noise- en hardcore-bands en een plaats voor de nachtvlinders: *drag queens* dansen op de bar, terwijl harde acid house uit de speakers blaast. De hele nacht hangt een deel van de bezoekers voor de ingang: doorschijnend bleke punks en andere spookwezens, die dankbaar gebruik maken van de Chinese supermarkt aan de overkant van de straat die de hele nacht openblijft.

De verlopen omgeving heeft een vreemd exotische charme. Opeens is het makkelijker voor te stellen waarom veel Newyorkse *noise-* en *trash* bands klinken zoals ze klinken: termen als *street* worden al sinds de eerste rock & roll gebruikt om een soort rafelige kwaliteit van bepaalde muziek aan te duiden. Die ongepolijste, energieke sound is terug te vinden in vrijwel alle muziek die uit New York komt. Bij de gitaarbands in de Velvet Underground-traditie, in de *noise* van groepen als Sonic Youth, maar net zo goed in de *hard house* van dj's als Lenny D. of in de schurende klankcollages van rap-groepen als Public Enemy. Het is alsof de atmosfeer van de stad, de energie, de chaos, het stof en het vuil in de muziek doorklinken.

Ook op een zonnige dag druipt er water uit de plafonds van de metrostations: bijna de helft van het in New York verbruikte water stroomt door lekke pijpen weg. Een van de weinige stations waar je geen paraplu nodig hebt, is een opgeheven halte vlak bij de Hudson rivier, die is omgebouwd tot een discotheek, The Tunnel. Het is een van de mooiste clubs van de stad, versierd met grote kroonluchters, die een vreemd contrast vormen met de omgeving: grote en kleinere ruimten, waarvan de achterste overloopt in een lange tunnel, waar de oude spoorrails nog zichtbaar zijn.

De Rolls Royce die laconiek voor de ingang staat geparkeerd geeft al een indruk van de bezoekers: rijk, welgesteld of op zijn minst met een vast inkomen, dat voor een groot deel aan uitgaan wordt besteed. Tussen het jonge publiek dansen groepjes *voguers*, die elkaar de loef proberen af te steken door de bevroren houdingen en poses zo overtuigend mogelijk uit te beelden.

De muziek is typisch Newyorks: luchtige dansnummers van meisjesgroepen als Sa-Fire, de zogenaamde latin hiphop. Een wat verwarrende naam, want al duidt latin op het Zuidamerikaanse karakter, met hiphop heeft het niets te maken. Latin hiphop, verreweg de commercieelste Newyorkse dansstijl, doet nog het meest denken aan de vroege disco-hits van Madonna.

Madonna zelf deed haar eerste stappen op weg naar wereldfaam in 1982 in een andere Newyorkse club: de (inmiddels gesloten) Danceteria. Ze werd ontdekt door dj Mark Kamins, die haar in contact bracht met platenmaatschappij Sire, en vervolgens haar eerste single produceerde: *Everybody*. Kamins, die later door de zangeres aan de kant werd gezet, is nog altijd een van de meest vooraanstaande dj's van New York. Hij draait zaterdagsavonds in Mars, een van de populairste nieuwe clubs van Manhattan.

Mars telt vier verdiepingen, waar in elke ruimte een andere dj draait: afhankelijk van de ruimte house of hiphop. Maar vergeleken bij het chique Red Zone, waar de bezoeker via een rode loper binnentreedt, is Mars een echte straatclub, met graffiti op de muren en boven de toiletten een lichtreclame met het woord *Drugs* – afkomstig van een drogisterij, een *drugstore*.

Illegale tapes van Mark Kamins' avonden in Mars worden op verschillende plaatsen in de stad op straat verkocht. Ze zijn erg populair, te meer dat het een kleine speurtocht vereist om erachter te komen waar dansmuziek te koop is.

Decadence heet het kleine platenwinkeltje in Christopher Street, dat nog altijd het centrum is van de Newyorkse homobeweging. De platenkeus is omgekeerd evenredig aan de afmetingen van de winkel, want behalve een uitgebreide selectie van de nieuwste house-platen, bevatten de bakken ook een grote collectie *hi-energy* en disco – die in deze omgeving bijna ongemerkt is overgegaan in de nieuwe dansmuziek.

De meeste platen verschijnen op kleine, lokale labels, waarvan de platen slechts in een aantal gevallen ook buiten de stad verkrijgbaar zijn. New York heeft een krachtige soul-traditie, die voor een belangrijk deel terug te voeren is tot de (nu gesloten) Paradise garage, waar Larry Levan dj was. Volgens zangeres Kym Mazelle had de sfeer iets van een ritueel: 'Heel spiritueel, *a spiritual vibe*. Het had de energie van de straat, het was echt *streetlevel*.'

Kym Mazelle, net als Adeva een van de vertegenwoordigsters van de nieuwe Newyorkse soul, die nu *garage* genoemd wordt, werd ontdekt via een omweg: Engeland, dat – zoals zo vaak in de geschiedenis – Amerika attent moest maken op de eigen muziek. Voor die tijd was de zangeres alleen bekend in New York zelf: 'Onze muziek was underground, let wel, *serious underground*.'

Mazelle dankt haar bekendheid vooral aan de bemoeienissen van Dave Lee van het Engelse Republic-label, die een lijstje maakte van zijn favoriete Newyorkse platen en vervolgens de rechten probeerde te verwerven. Het resultaat, de dubbel-lp *The Garage sound of deepest New York* (1988) is inmiddels een klassieker. Lee legde zijn eerste contacten tijdens een bezoek aan het New Music Seminar: 'Vervolgens ben ik mensen gaan *opzoeken*, wat anderen misschien niet zo snel zouden doen. Zo heeft het maatschappijtje Supertronics een kantoor in Brooklyn, in een, zacht gezegd, obscure buurt. Er hangen schimmige figuren rond bij de voordeur, zelfs taxichauffeurs willen je er nauwelijks heen brengen.'

Dat geldt voor bijna alle delen van New York die buiten Manhattan liggen. Manhattan is een eiland, dat met bruggen verbonden is met de andere wijken van de stad: Brooklyn, Queens en The Bronx, een zwart getto waar een blanke zich beter niet kan wagen. De desolate sfeer van dit stadsdeel, waar krotten, afgebrande huizenblokken en autowrakken het straatbeeld bepalen, is een pijnlijk voorbeeld van de manier waarop de American Dream in New York schipbreuk heeft geleden.

Hiphop ontstond in de zwarte wijken, waar de jonge rappers, bij gebrek aan clubs, zelf *block parties* begonnen te organiseren, in de openlucht. Voor het probleem van de stroomvoorziening werd een handige oplossing bedacht: elektriciteit werd afgetapt van de straatlantaarns. Hiphop was vanaf het begin, heel letterlijk, een straatcultuur. Zoals was te verwachten verscheen de muziek alleen op kleine labeltjes, zoals Sugarhill, Tommy Boy en Def Jam. Def Jam, dat met de platen van L.L. Cool J en Public Enemy het belangrijkste rap-label van de stad is geworden, schittert vreemd genoeg door afwezigheid op de radiostations van Manhattan: het is meer dan een enkele rivier die beide werelden van elkaar scheidt.

Het muzikale menu van zenders als KISS FM en Hot 97 beperkt zich tot de voorspelbare hits, aangevuld met swing beat en latin hiphop. Wel kondigt Hot 97 een illegale party aan, Outlaws 90, die in een van de *warehouses* vlak bij de Hudson rivier wordt gehouden. De omgeving doet denken aan zo'n buurt waar achtervolgingen in politieseries worden opgenomen, met leegstaande pakhuizen en oude fabrieksgebouwen.

Op het geïmproviseerde podium staat de zangeres van Black Box, in wat nog het meest lijkt op een afgebrande garage: de ruimte heeft geen dak meer, de muren zijn zwartgeblakerd, maar de sfeer is gezelliger en losser dan in veel clubs. De bezoekers zijn ook van een heel ander slag dan die in de Tunnel of Red Zone. Een jong meisje vertelt me dat ze alleen op dit soort feesten afgaat: ze kan de toegangsprijzen van de grote clubs en de pittige prijzen voor de consumpties gewoon niet betalen.

Drank wordt hier in blikjes geserveerd vanuit een bestelwagen: illegale party's als deze blijken een toppunt van mobiel vernuft. Een paar minuten nadat de eerste politiewagen verschijnt, gealarmeerd door de muziek die al op een kilometer afstand is te horen, is de apparatuur ingeladen en hebben de Outlaws de benen genomen. Een enkeling blijft achter om de bezoekers toegang te verschaffen tot een volgend feest.

Iedereen krijgt een met viltstift aangebracht teken op de hand: het toegangskaartje voor de Quick!, een van de nieuwere underground clubs. Hier draait dj Dmitri, tenminste, als hij niet op tournee is met zijn groep Deee-Lite.

New York is trots op Deee-Lite. Zoals *Paper*, een van de underground bladen van de stad de groep omschrijft: het belangrijkste wat de Manhattan-club*scene* heeft opgeleverd sinds Madonna. Dmitri is overigens niet de enige Newyorkse dj die platen maakt. Het is eerder omgekeerd: er zijn weinig dj's die *geen* platen maken. Een groot aantal van hen is ook bekend buiten de stad: Mark Kamins, Frankie Knuckles (dj in Red Zone en een van de grondleggers van de house), Junior Vasquez van de Sound Factory, en een hele groep Italiaans-Amerikaanse dj's uit Brooklyn, zoals Frankie Bones, Tommy Musto, Lenny D. en Charley Casanova.

De dansmuziek van de Brooklyn-underground is nog wat harder dan die uit Manhattan. De lijnen zijn scherper, de kleuren feller, terwijl de losheid van de vorm de invloed van reggae verraadt. Dat idee wordt bevestigd door de muziek van een zwarte dj uit Brooklyn, die zich met een grote gettoblaster naast een parkeerterrein op Washington Square heeft geposteerd. In de vroege avond, tijdens een wedstrijd tussen twee zwarte teams die luidruchtig worden aangemoedigd door een grote menigte, levert hij de soundtrack voor de wedstrijd. Twee zwarte straatschoffies dansen voor de speakers, waaruit de onversneden Brooklyn-underground klinkt.

Ernie Kendall, the original & still the best staat met viltstift geschreven op de cassettes, die voor tien dollar worden verkocht. Het klinkt even schreeuwerig als alle Amerikaanse reclameslogans, maar op de een of andere manier is het hier op zijn plaats. Voor hem is dit ook geen hobby of vrijetijdsbesteding, het verkopen van tapes is zijn enige bron van inkomsten.

Bij gebrek aan een club om te draaien, zet de jonge zwarte dj de muziek thuis in elkaar. De obscure house-platen zijn voorzien van echo- en dub-effecten en Kendalls *toastende* stem, die de muziek een eigenaardige reggae-sfeer geeft. Ernie Kendall toont een brede grijns als ik hem vraag waar hij zijn inspiratie vandaan haalt. Hij gebaart om zich heen, naar de toeschouwers bij de basketbalwedstrijd en het verkeer dat voorbij dendert: 'Deze muziek is als een hartslag... *it's the pulse of the street.*'

(1991)

Bang voor een zwarte planeet

There'll be no skullduggery.
No flim flam.
No compromise.
No sell out.

De radicale boodschap schalt luid en duidelijk over Seventh Avenue: geen achterbaksheid, geen geschipper, geen compromissen, geen uitverkoop. Vlak naast de ingang van de *subway*, tegenover een sexshop en een louche winkel waar je je elk soort identiteitsbewijs kunt aanschaffen, klinkt de autoritaire, dwingende stem van Malcolm X. Uit een gettoblaster – verscholen tussen de stapels cassettes, platen en boeken op een houten stalletje: '*As long as those ingredients, explosive ingredients, remain, then you're going to have the potential for explosion on your hands.*'

Opnames van speeches van Malcolm X, de in 1965 vermoorde Black Panther-voorman, zijn overal te koop in New York. Het is een van de tekenen van een nieuw zwart politiek bewustzijn, dat de laatste jaren steeds meer terrein wint en zelfs een nieuwe naam heeft gekregen: *Africentricity*.

Vierentwintig jaar na zijn dood, hebben de woorden van de zwarte leider nog nauwelijks iets van hun kracht verloren. 'Explosieve ingrediënten' zijn er in New York genoeg voorhanden in de zomer van 1989.

De Spike Lee-film *Do the right thing* – waarin Malcolm X in de aftiteling wordt geciteerd – legt de vinger nog eens op de zere plek: de altijd onder de oppervlakte sluimerende rassenhaat. Aanzet tot de film was de beruchte *Howard beach-trial*, een rechtzaak naar aanleiding van de moord op een zwarte jongen, die uiteindelijk een schoolvoorbeeld werd van klassejustitie en de 'gekleurde' berichtgeving in de Amerikaanse pers.

Zoals Living Colour zingt in *Which way to America:* 'I change the channel, your America is doing fine / I read the papers, my America is doing time.'

Zelfs het Newyorkse *Dance Music Report* weidt uit over de gekleurde berichtgeving: hoe boulevard-bladen in grote koppen melding maken van het feit dat een zwarte *gang*, beschuldigd van een verkrachting in Central Park, in de gevangenis het rapnummer *Wild Thing* zong. Maar dat diezelfde bladen in alle toonaarden zwijgen over de moord door een blanke politieman op een zwarte jongen.

Zwarte muziek en politiek lijken nauwelijks nog te scheiden in de late jaren tachtig. De stem van Malcolm X is – in korte samples of in langere fragmenten – te horen op steeds meer platen van zwarte bands. Bij Living Colour, een zwarte rockgroep die deel uitmaakt van The Black Rock Coalition, maar ook bij de rap-groep Public Enemy, die met *Fight the power* het leitmotiv voor *Do the right thing* schreef.

Het meedogenloos harde nummer zal voor veel bioscoopbezoekers de eerste kennismaking zijn met de Newyorkse rappers. De groep is tot nu toe zelden of nooit op de radio te horen geweest. Alleen al de muziek is te luidruchtig voor de meeste radiostations, maar minstens zo belangrijk: programmamakers branden zich liever niet aan de teksten, waarin de groep zich in de traditie stelt van de Black Panther-beweging. Zoals in *Timebomb* van de in 1987 verschenen eerste lp *Yo! bum rush the show* – 'Panther power – you can feel it in my arm / look out y'all 'cause I'm a timebomb' – dat dreigend eindigt met de regel: '*It's the hour to the minute, time to* BLOW *black.*'

De camouflagekleding en de uzi-machinegeweren waarmee de groep optrad versterkten het image van militante agressie, maar zoals Chuck D. in een interview met *de Volkskrant* (november 1987) uitlegde: 'De boodschap moet agressief gepresenteerd worden, want je moet choqueren, wakker schudden.'

De boodschap van Public Enemy – 'Leer jezelf te respecteren. En probeer het systeem te begrijpen dat misbruik van je maakt' – wordt opnieuw verwoord in *Fight the power*. Een oproep om te vechten tegen 'the powers that be' – 'het systeem dat zich richt tegen de zwarte bevolking, vierentwintig uur per dag, 365 dagen per jaar'.

Een van de eerste popplaten waarin de stem van Malcolm X opdook was de single *No sell out* van Keith LeBlanc, dat in 1984 verscheen op het rap-label Tommy Boy. LeBlanc, nu bij de groep Tackhead, verzamelde een reeks fragmenten uit toespraken en plaatste die (als een rap) op een elektronisch funkritme. *No sell out* was nog maar een voorzichtige prelude op de onstuimige manier waarop Public Enemy zich drie jaar later zou presenteren.

Het is geen toeval dat juist Public Enemy werd gevraagd voor *Do the right thing*. Want al is het niet de rap-groep die de meeste platen verkoopt, waarschijnlijk is het wel de meest invloedrijke. Met stadgenoten Boogie Down Productions ('agitate, educate and organize') en Stetsasonic, heeft Public Enemy zich als een van de eerste rap-acts gerealiseerd dat hiphop meer was dan de zoveelste vorm van muzikaal *entertainment*, het is een krachtig middel om hun politieke en sociale ideeën naar voren te brengen. En eventueel: om de zwarte jeugd te onderwijzen, op te voeden.

Dat Public Enemy (al eens omschreven als 'het geweten van de hiphop') zo hoog scoort in de rap-wereld is voor een belangrijk deel te danken aan de charismatische leider van de groep, Chuck D. Hij wordt gezien als de belangrijkste woordvoerder van de rap-beweging, zoals nog eens duidelijk werd tijdens het New Music Seminar (deze zomer in New York gehouden), waar hij in twee panels het woord voerde: *Africentricity* en *Rap summit*.

Tijdens het eerste panel werd het idee van *Africentricity* door Bill Stepheney van Rush (het management van een groot aantal rap-acts) geformuleerd: 'We moeten Afrika beschouwen als de basis van onze eigen cultuur.' Spike Lee pleitte ervoor dat zwarte artiesten zich zoveel mogelijk omringen met Afrikaans-Amerikaanse medewerkers. Dat laatste kwam opnieuw aan de orde in de *Rap summit*, het forum waarin kopstukken uit de hiphop de balans van het afgelopen jaar opmaakten. Harry Allen, die zich voorstelde als '*hiphop-activist and media-assassin*' ging nog een flinke stap verder dan Lee. Ook hij stelde dat 'wij als Afrikaans volk zaken moeten doen met Afrikaanse advocaten en accountants'. Maar Allen gooide al bijna meteen de knuppel in het hoenderhok toen hij, in tegenstelling tot eerdere sprekers, opmerkte dat het commerciële succes en de grote rap-hits van het afgelopen jaar *helemaal* niet goed zijn geweest voor de hip-hop: 'De situatie is eerder verslechterd. *There's a lot more white people with their hands in our pockets.*'

Vanaf dat moment werd de sfeer van het forum, dat heel kalmpjes was begonnen, beduidend grimmiger. 'Er is niets nieuws onder de zon, meende een spreekster: 'Zwarte muzikanten worden al uitgebuit vanaf de jaren twintig, vanaf het moment dat de eerste plaat werd geperst.' 'Vanaf de slavernij', werd er geroepen vanuit de zaal, waarna de discussie kwam op de 'leugens' in de pers over geweld bij rap-concerten, en het feit dat een aantal verzekeringsmaatschappijen hiphop-concerten proberen te laten verbieden: 'Het is allemaal politiek. Ze willen niet dat blanke jongeren zich met *jou* identificeren.'

'Angst voor een zwarte planeet', zoals Chuck D. de discussie samenvatte. Om er lachend aan toe te voegen: 'But it's already here, baby.'

Klachten dat veel *zwarte* radiostations, die nog altijd teren op een dieet van gladde softsoul, hiphop negeren uit angst dat blanke adverteerders zullen afhaken, werden door Chuck D. weggewuifd. Niet de radio, maar de televisie – en dus videoclips – hebben de toekomst, vond hij. *'This time the revolution will be televised.'*

Free at last! Free at last! De geëmotioneerde stem van Martin Luther King davert over de dansvloer, op de muziek van Adeva's *Musical freedom*. Honderden dansers strekken de armen in de lucht, als voor een vluchtige aanraking met het onbereikbare, de hemel. De extase op de dansvloer ademt de sfeer van religieuze vervoering: een gevoel van verzoening en verbroedering, die het publiek even een glimp toont van een betere wereld. Het herhaalde *'Free at last!'* is de apotheose uit de befaamde toespraak van Martin Luther King: *I have a dream*, die al op tal van house-platen opdook. Zoals *Truth of selfevidence* van Reese & Santonio en *I have a dream* van Fingers Inc., dat een groot deel van de speech – de droom dat discriminatie ooit voorbij zal zijn – plaatste op het instrumentale *Can you feel it.*

De combinatie van de dromerig melancholieke muziek en Martin Luther Kings woorden sloot in sfeer perfect aan bij de nieuwe, gospelachtige zwarte dansmuziek: deep house of, zoals het in New York genoemd wordt, *garage* – naar de club Paradise garage, waar Larry Levan jarenlang dj was.

Het spirituele gevoel van hoop en verwachting dat spreekt uit nummers als *Promised land* van Joe Smooth of *Someday* van Ce Ce Rodgers heeft een bijna religieuze ondertoon. Zoals de Village Voice het omschreef: 'Als Rodgers zingt "*someday we'll all walk hand in hand, and I'll go to South Africa and be called a man*", is zijn voordracht zo intens dat je het er niet alleen mee *eens* bent dat apartheid moet worden afgeschaft, maar dat je *gelooft* dat het zal gebeuren.'

Hoe dicht gospel en *garage* bij elkaar liggen, blijkt wel uit het optreden van Chanelle in de Newyorkse club Red Zone. Als de technici problemen hebben met de begeleidingsband en de zwarte zangeres wat verloren op het podium wacht, redt ze het moment door een a-capella-versie te geven van haar hit *One man*, vol gospeluithalen en lange versieringen.

Dj op deze avond is Frankie Knuckles, een van de grondleggers van de house-muziek. Twaalf jaar geleden was Knuckles gast-dj in een nieuwe club in Chicago, The Warehouse. Knuckles was ontsteld over het verschil tussen beide steden. Hij groeide op in New York, tussen blanken, zwarten, Italianen en joden: 'Ik was nog nooit *nigger* of *black motherfucker* genoemd, totdat ik in Chicago kwam.' Hij besloot te blijven om daar wat aan te doen en bracht volgens eigen zeggen als eerste verschillende groepen mensen in een ruimte bij elkaar: 'black and white, gay and straight.'

The Village Voice wijdt een groot deel van de zomer-popbijlage aan een A tot Z van house. Bij de Q ('Queens') noemt auteur Frank Owen het een klein wonder dat homoseksuele Afro-Amerikanen ('*the despised of the despised*') in staat blijken tot het maken van een muzieksoort die zo vol is van *joy* en *possibility*: '*Waar is je woede*, is een vraag die vaak wordt gesteld aan de house-natie, die impliciet weet dat boze woorden en stoere poses meer zeggen over een overdaad aan mannelijke hormonen dan over politiek.'

Malcolm X tegenover Martin Luther King. In de aftiteling van *Do the right thing* worden beiden geciteerd: King, die geweld te allen tijde afwijst, Malcolm X, die geweld in geval van zelfverdediging gerechtvaardigd acht.

Spike Lee is wel verweten dat hij geen keus heeft gemaakt, maar evengoed zou je kunnen zeggen dat hij het enig juiste heeft gedaan door de twee opties naast elkaar te zetten. Zowel Martin Luther King als Malcolm X vertegenwoordigen een *strategie*, maar beiden staan vooral ook voor een bepaalde emotie, een *gevoel*. De keus van de meeste muzikanten voor de een of ander is waarschijnlijk heel intuïtief, en zal soms niet eens meer iets te maken hebben met politiek.

Dat is allemaal te vrijblijvend voor iemand als Nelson George, een zwarte columnist van *The Village Voice*. George plaatst een aantal kritische kanttekeningen bij het nieuwe Afro-Amerikaanse bewustzijn, dat zich manifesteert in de rap-teksten van Public Enemy en Boogie Down Productions, de zwarte straatmode (van *Black to the future* T-shirts tot lederen medaillons met een afbeelding van het Afrikaanse continent) en de snelle manier waarop de term *African American* is ingeburgerd: 'Het grote struikelblok bij de groei van dit nieuwe bewustzijn is onwetendheid. Jongeren dragen Afrikaanse medaillons, maar weten niet waar Zambia ligt. Jonge moeders geven hun kinderen pseudo-Afrikaanse namen, maar kopen oorbellen van Zuidafrikaans goud. De afbeelding van Malcolm X verschijnt op T-shirts, posters en buttons, maar slechts een enkeling heeft zijn autobiografie gelezen of zijn toespraken gehoord.'

George spreekt van *racial pride for the video age*, iets wat voor hem ook van toepassing is op de meeste rap-teksten, die beeldend genoeg zijn, maar filosofisch niet genoeg onderbouwd blijken.

Dat laatste zou een verklaring kunnen zijn voor de manier waarop Public Enemy zich recent in de nesten werkte. In al de gerechtvaardigde agressie schiet de groep ook regelmatig voorbij. Met name de twee kompanen van Chuck D, Flavor Flav en Professor Griff, klappen nog wel eens uit de school met – zacht gezegd – dubieuze uitspraken. Een interview met de *Washington Times* (22 mei 1989) betekende zelfs bijna het einde van de groep, toen Griff zich liet verleiden tot een reeks antisemitische uitlatingen: '*The jews are wicked. And we can prove this... The jews are responsible for the majority of wickedness that goes on around the globe.'*

Het Griff-incident was overigens niet de eerste keer dat Public Enemy in opspraak kwam. De groep was al vanaf het begin omstreden omdat ze zich openlijk schaarde achter Louis Farrakhan (de leider van The Black Muslim-beweging, die verscheidene antisemitische uitlatingen op zijn naam heeft staan). Ook had de band het regelmatig aan de stok met de pers, vanwege haar opvattingen over homoseksualiteit, 'een typisch blanke ziekte'.

In een artikel in *The New York Times* signaleert John Pareles een tendens tot minder verdraagzaamheid, racisme en seksisme in de huidige popmuziek. Hij noemt niet alleen Public Enemy, maar ook de heavy metalgroep Guns N' Roses, van wie het nummer *One in a million* bol staat van racisme en homohaat: *'Immigrants and faggots/they make no sense to me/they come to our country/and think they do as they please/like start some mini-Iran or spread some "expletive" disease.'*

In een ander couplet, met daarin het woord *'niggers'*, plaatst de groep een frontale aanval op de rap: *'Get outta my way/Don't need to buy none of your gold chains today.'*

Axl Rose beriep zich in een interview met *Rolling Stone* op 'artistieke vrijheid', op eenzelfde manier als rapper Ice T. het tijdens het Seminar opnam voor Griff, en diens uitspraken verdedigde met de dooddoener 'vrijheid van meningsuiting'.

Het probleem is dat censuur van dergelijke teksten of uitspraken het probleem niet wegneemt, en uiteindelijk een directe bedreiging vormt voor de kunst. Zo is de manier waarop een machtige, ultra-rechtse instelling als de PMRC (Parents' Music Resource Centre) in Washington popteksten probeert te censureren, minstens zo zorgwekkend als de groeiende onverdraagzaamheid in de popmuziek zelf.

Doelwit van de meest recente acties van het PMRC is het album *As nasty as they wanna be* van 2 Live Crew.

De (derde) plaat van de rap-groep uit Miami werd op 6 juni 1989 door de rechter José Gonzales uit Florida verboden vanwege de inhoud van de teksten, die hij als 'obsceen' bestempelde. Twee dagen later arresteerde de politie van Fort Lauderdale een platenhandelaar, toen die een exemplaar verkocht aan een undercover-agent. Op 10 juni werden de leden van de groep na een concert in Hollywood gearresteerd. Politie in burger maakte een video-opname van het optreden en waarschuwde vervolgens sheriff Navarro: de groep zou zich hebben bediend van seksueel expliciete teksten.

Het was een triomf voor de rechtse en ultra-rechtse fatsoensbeweging, die sinds 1985 een felle strijd voert tegen de verloedering van de jeugd. Popteksten zijn het belangrijkste doelwit van het PMRC, dat geen middel onbenut laat om aan te tonen dat popmuziek een kwaad is dat met wortel en tak zou moeten worden uitgeroeid. Daarbij schroomt de organisatie niet de waarheid naar haar hand te zetten. In de PMRC-nieuwsbrieven blijken teksten vaak uit hun verband gehaald, of gewoon van een andere (slechtere) betekenis voorzien. Zo werd *Under the knife* van de groep Twisted Sister – een nummer over een operatie – door het PMRC opgevoerd als een song waarin vrouwen in stukken worden gesneden.

Je zou erom moeten kunnen lachen, Staphorst of de Evangelische Omroep zijn er niks bij, maar het PMRC heeft in de afgelopen jaren bewezen dat het macht heeft, en beschikt over contacten met belangrijke politici en bestuurders in alle staten. En al is het de beruchtste, het PMRC is zeker niet de enige rechtse groep van 'bezorgde ouders'. Andere kruisvaarders tegen obsceniteiten, zoals Jack Thompson, een jurist uit Miami die de campagne tegen 2 Live Crew begon, hebben zich verzameld in groepen als Focus On the Family, American Family Association, en de vierentwintigduizend leden tellende American Medical Association. De laatste groep bestaat uit bestuursleden van medische instellingen, die recent een complete strategie presenteerden om obsceniteit in de popmuziek tegen te gaan.

De uitspraak van de rechter in Florida was een unicum: voor het eerst in de geschiedenis van de popmuziek werd het verkopen of uitvoeren van een popplaat een misdrijf waarvoor de dader het risico loopt van een gevangenisstraf van een jaar en een boete van duizend dollar.

Het duurde even voordat de popwereld zich realiseerde wat er aan de hand was, maar toen brak er ook een storm van protesten los: dit was een schending van de *First Amendment*, de *freedom of speech*. Zelfs gematigde popbladen als *Billboard* protesteerden in niet mis te verstane termen tegen de manier waarop de vrijheid van meningsuiting was geschonden.

Jason S. Berman, president van de Recording Industry Association of America, sprak in een commentaar van een 'tragische en ironische wending van de Amerikaanse geschiedenis': '*Make no mistake, this is a war*' – vergis je niet, dit is een oorlog. Voor de komende strijd, die volgens hem zal worden gevoerd in de rechtszalen en in het Congres, riep Berman iedereen op de goede zaak te steunen. Een citaat van Martin Luther King besloot zijn betoog: *Let freedom ring*.

Inmiddels is zo ongeveer de hele Amerikaanse popwereld gemobiliseerd. Zoals Vernon Reid, gitarist van Living Colour het noemde: 'Elke aanval op een artiest is een aanval op elke artiest.' Alle geledingen van de platenindustrie hebben zich in de strijd gemengd, waarbij pogingen om een front te vormen worden bemoeilijkt door de grote tegenstelling tussen de verschillende belangengroepen. Die zijn eigenlijk alleen met elkaar verbonden door het feit dat ze tegen dezelfde vijand strijden: macho rappers naast militante feministen en homoseksuelen, politieke actiegroepen als *Resist!*, platenbazen, vertegenwoordigers van radiostations, platenwinkels, popbladen. Maar ook keurige politici die nauwelijks iets weten van popmuziek, maar wel begrijpen dat hier een bedreiging van de vrijheid van meningsuiting in het geding is. En niet te vergeten: een grote groep juristen die zich ernstig zorgen maken over de manier waarop in de 2 Live Crew-zaak de Amerikaanse wet is geïnterpreteerd.

Het New Music Seminar, dat elk jaar in New York wordt gehouden, stond in 1989 voor een belangrijk deel in het teken van de censuur. Laurie Anderson waarschuwde bij de opening die ze samen met Irving Azoff verrichtte, dat het leidt tot een nietszeggende, platte cultuur. Ze legde een verband met andere vormen van censuur, die de laatste jaren de kop hebben opgestoken: de affaire met de gecensureerde fototentoonstelling van Robert Mapplethorpe, en de manier waarop de National Endowment for the Arts (NEA), die de tentoonstelling subsidieerde, onder druk van rechts onlangs subsidies weigerde aan avant-gardekunstenaars als Karen Finley. De Newyorkse dichteres, roemrucht om haar plastische taalgebruik, heeft zich altijd fel uitgesproken tegen het PMRC.

In Finley-stijl schreef Laurie Anderson een nummer, opgedragen aan Mapplethorpe en Jesse Helms (de conservatieve senator van North Carolina, een van de prominente voorvechters van de fatsoensbeweging): *Large black dick* is de b-kant van haar nieuwe single. Voor het eerst werd een plaat van Anderson voorzien van een waarschuwingssticker: *Contains explicit lyrics*.

Irving Azoff, een van Amerika's bekendste platenbazen, nam in zijn openingswoord van het Seminar het standpunt in dat de platenindustrie de hand in eigen boezem moest steken: 'Met onze broek naar beneden werden we verrast.' De platenwereld had naar zijn idee nooit akkoord moeten gaan met het verzoek van het PMRC om platen met 'expliciete teksten' te voorzien van een waarschuwingssticker.

Het (tot nu toe vrijwillige) labelen van platen was een tweede thema op het NMS, nu in de staat Louisiana een wet in behandeling is die waarschuwingsstickers verplicht moet gaan stellen. De popwereld is het er weliswaar over eens dat dat laatste tegen elke prijs moet worden voorkomen, maar over het vrijwillig aanbrengen van stickers, zoals dat nu gebeurt, zijn de meningen verdeeld. Verschillende sprekers verdedigden het idee dat ouders op die manier gewaarschuwd konden worden voor de inhoud van de muziek waar hun kinderen naar luisteren. Anderen, zoals Jon Pareles van de *New York Times*, zagen in het vrijwillig stickeren een knieval voor de fatsoensbeweging. Plak je een label op een plaat, dan geef je toe dat je schuldig bent, vond hij: 'Zo tip je de *waakhonden* al bij voorbaat. Laat ze ervoor zweten, laat ze alle platen afluisteren zodat ze er zelf achter komen wat expliciete teksten zijn. Dat maakt 't veel moeilijker voor ze.'

Bijna iedereen was het erover eens dat het in bescherming nemen van de jeugd slechts een dekmantel is voor een politieke strijd die rechts Amerika op alle fronten voert. Laurie Anderson verklaarde de paniekerige reacties als 'angst voor machtsverlies'. Jon Pareles ('Het PMRC is tegen seks vóór het huwelijk, tegen homoseksualiteit en tegen Afrikaanse Amerikanen') sprak van *white male heterosexuals losing power*. Zowel Pareles als Westcoast-rapper Ice T., die zich tijdens het Seminar opwierp als de belangrijkste woordvoerder van de hiphop-gemeenschap, nam de zogenaamde bezorgdheid voor de jeugd met een korreltje zout. Ice T.: 'Zorg om de kinderen? Ze geven helemaal niets om de kinderen in *mijn* buurt.'

Ook de platen van Ice T., die ooit een carrière als gangster opgaf en rapper werd, zijn intussen verboden in Florida. Hij waarschuwde dat de acties van het PMRC iedereen aangaan. 'Het volgende moment kun jij getroffen worden. En het gaat verder dan je denkt. Mijn telefoon wordt afgeluisterd, deze mensen hebben *macht.*'

Mannenstem: *What do we get for ten dollars?*
Zwoele vrouwenstem: *E-v-e-r-ything you want.*
Gehijg van een opgewonden dame: *Oh suck it to me.* De muziek valt in, een vrouwenstem kreunt: *Me so horny* – ik ben zo geil.

En dat is nog maar het begin. 2 Live Crews *As nasty as they wanna be*, met songtitels als *The fuck shop, If you believe in having sex, Dirty nursery rhymes, Dick almighty* en *Bas ass bitch* is niet bepaald een vrouwvriendelijke plaat. Puberale opschepperij over de eigen seksuele prestaties maken duidelijk dat de seksuele revolutie aan het zwarte getto van Miami is voorbijgegaan.

Het album scoorde niet hoog bij critici, en zeker niet bij feministen, die zich nu opeens tussen twee vuren zagen geplaatst. Want hoe verwerpelijk de inhoud van het album ook mocht zijn, er zat niets anders op dat toch de kant van 2 Live Crew te kiezen. Zoals Victoria Starr van het Newyorkse *Outweek*, die zich in haar columns regelmatig fel had uitgesproken tegen het seksisme in de teksten van 2 Live Crew en Ice T., verklaarde: 'Als lesbienne ben ik een van de eersten die door Jesse Helms van de aardbodem geveegd zouden worden. En het zijn dezelfde mensen die Ice T. in de ban hebben gedaan, die mij ook het recht op abortus hebben afgenomen.'

Het panel *Beyond censorship*, dat in een stampvolle zaal werd bijgewoond door zo'n zevenhonderd toeschouwers, maakte duidelijk dat het front dat vecht voor het behoud van vrijheid een kruitvat is, dat de grootste tegenstellingen – tijdelijk – in zich verenigt. Een felle discussie ontstond over homohaat, racisme en seksisme in sommige rap-teksten. Ice T. verdedigde zich met het argument dat, toen hij op straat begon, dat laatste de enige manier was om de aandacht van de *homeboys* vast te houden: 'Geen teksten over politiek, maar over meisjes met grote tieten.'

'Rappers zeggen dat ze de wereld willen veranderen,' was het antwoord van Starr: 'Maar ik zeg je: je verandert niets als je op zo'n manier praat over vrouwen en homoseksuelen.'

Ice T.: 'Niemand zal beweren dat Ice T. de wijsheid in pacht heeft. *Leer* me bepaalde dingen. Ik wil kunnen groeien. Je kunt van een rapper van de straat niet verwachten dat hij meer zegt dan hij *weet*.'

Zowaar een sprankje hoop: Starr en Ice T. kwamen in anderhalf uur iets dichter bij elkaar, en kregen de zaal zelfs aan het lachen toen mevrouw haar stoere buurman ('Maar ik ben hetero, ik weet me geen raad als een man iets van me moet') duidelijk maakte dat je, in plaats van er meteen op te slaan, aandacht van een man ook als een compliment kunt opvatten: 'Dan zeg je gewoon: *thanks, but no thanks*.' '*Damn*', was de verwonderde reactie van de rapper. 'Zie je, heb ik toch weer wat geleerd.'

De kruistocht tegen de rap-teksten doet denken aan de heksenjacht op (vermeende) communisten in de jaren vijftig. Nu het rode gevaar is geweken, richt rechts Amerika zich op een andere bedreiging: de zwarte bevolking. Want, zoals Daddy O. van Stetsasonic zei: 'Het gaat niet om de muziek, het is een veroordeling van de hele zwarte cultuur. Rap vormt een bedreiging voor de machthebbers.'

Hij kreeg bijval van Carlton Long, een advocaat die een eerdere rechtszaak tegen 2 Live Crew voor de groep won. Long: 'Het is geen toeval dat hiphop het doelwit is: het gaat om zwarte muziek, stadsmuziek, gemaakt door een lagere economische klasse.'

Dat laatste kwam ook naar voren in een felle rede van Gregory Joey Johnson, die een veroordeling voor het verbranden van de Amerikaanse vlag (eis: een jaar gevangenisstraf en tweeduizend dollar boete) tot in het Hooggerechtshof uitvocht: 'Na zes jaar vechten tegen deze regering weet ik alles van de manier waarop die verschillende vormen van politieke expressie probeert te criminaliseren.' Hij noemde een recente zwarte protestdemonstratie, waar de rap-nummers *Fight the power* (Public Enemy) en *Fuck the police* (Niggers with attitude) door de hele menigte werden gescandeerd: 'The *powers that be* begrijpen dat, en daarom richten ze zich nu op deze muziek. We leven in een wereldmacht die op sterven na dood is en zich hardnekkig vastklampt aan de eigen symbolen. Elke keer als het systeem zwak wordt en in paniek raakt, dan begint het te onderdrukken. Dat zijn de tijden waarin we leven. En als je echt vrijheid van meningsuiting wilt... *we're gonna need a goddamn* REVOLUTION!'

Ice T. maakte zijn faxnummer aan het publiek bekend ('een fax kan niet worden afgeluisterd') en schetste de plannen voor een nog te vormen rap-front: 'We moeten beseffen hoeveel mensen achter ons staan. Ik heb een miljoen fans. Vernon Reid, de gitarist van Living Colour, heeft er een paar miljoen. We gaan een oorlog beginnen. En, zoals Malcolm X zei: Wie niet klaar is voor de revolutie, laat die uit de weg gaan.'

Revolutie. Of, zoals zangeres Nona Hendryx en anderen voorstelden, een democratische oplossing van het probleem. 'Als iedereen zijn stem zou uitbrengen, zaten die mensen nu niet op die plaatsen,' stelde Hendryx.

Aangrijpend was het betoog van een bezorgde zwarte moeder, die de zaal vroeg waar de machthebbers eigenlijk bang voor zijn: 'Is het wat we *zeggen*, of is het onze huidskleur? Deze mensen tasten meer in het duister dan wie ook. Als je werkt in een kantoor met airconditioning heb je geen idee wat er aan de hand is op straat – *on life street*. In Washington D.C. zag ik grote sleeën door de sloppen rijden, met *geblindeerde ramen. Ze willen ons niet eens zien!*'

The powers that be willen een wit en clean Amerika, had Vernon Reid een dag eerder al gezegd: 'Ze willen niets weten van *Latino America, gay America, African America*. Maar kunst kijkt juist naar wat er ònder het vloerkleed ligt. Kunst maakt dat je misschien wat gaat *doen*. En dat laatste willen de machthebbers kunnen controleren. Ze willen macht kunnen uitoefenen over de manier waarop wij creëren.'

'Nu de muur is neergehaald in Europa', concludeerde Ice T., 'wordt er een muur opgetrokken in Amerika.'

(1989)

In Afrika waren wij koningen – hiphop

Het park voor Macey's, het grootste warenhuis ter wereld, is volgeboekt. Op elk bankje slaapt een zwerver, even verlost van de zinderende hitte die van het leven op straat de laatste dagen een kleffe, benauwde sauna heeft gemaakt. New York, drie uur 's nachts. Vuilnisophalers rijden over Broadway, overdag een van de belangrijkste verkeersaders van de stad, nu voor een paar uur uitgestorven. Onze weg wordt versperd door een grote hoop vuilnis voor McDonald's. De inhoud van een berg vuilniszakken ligt verspreid over het trottoir, geplunderd door een hongerig nachtpubliek, dat weet dat hier altijd wel een maal te vinden is.

Op weinig plaatsen komen hemel en hel zo dicht bij elkaar als in New York. Patserige, onbetaalbare hotels bieden op de hoogste verdiepingen een riant uitzicht over de *skyline* van Manhattan. Op straat scharrelen de *have-nots* die de hoop om ooit een graantje mee te pikken van de onmetelijke rijkdom al lang hebben opgegeven.

Manhattan is nog een veilig eilandje tussen de omringende stadsdelen, Harlem, Brooklyn, Queens en The Bronx. Maar juist de zwarte wijken zijn het kloppende hart van de hiphop-beweging. Van de muziek van straatjochies, die rijmende teksten maakten op instrumentale beats, is *rap* uitgegroeid tot een van de belangrijkste pijlers van de Amerikaanse muziekwereld.

> *Don't push me, 'cause I'm close to the edge*
> *I'm trying not to lose my head*
> *It's like a jungle sometimes*
> *It makes me wonder how I*
> *keep from going under.*

The Message (1982) van Grandmaster Flash & The Furious Five, een van de eerste muzikale tekenen van de opkomende hiphopcultuur, schetst een aangrijpende beeld van het leven in het Newyorkse getto. De hectische grote stad als een gekkenhuis, waar je slechts met moeite het hoofd boven water houdt. Een asfalt-jungle. Gevaar ligt overal op de loer.

Aan het beeld van New York als een jungle ontleenden The Jungle Brothers hun naam: drie jonge rappers en een dj, van wie de in 1990 verschenen lp *Done by the forces of nature* met een Edison werd bekroond.

Het tweede album van de groep is exemplarisch voor een nieuwe richting die hiphop aan het begin van de jaren negentig is ingeslagen. Geen machismo en opgeblazen ego-raps, zoals bij L.L. Cool J, maar teksten die aansluiten bij het groeiende zelfbewustzijn van de jonge zwarte bevolking. *Africentricity*, zoals de zwarte emancipatiebeweging wordt genoemd, wint steeds meer aan kracht, zegt rapper Mike G. (20), die samen met Afrika Baby Bambaataa (19) de teksten van The Jungle Brothers schrijft: 'Een begin is al gemaakt in de jaren zestig, door Malcolm X en Martin Luther King. Ze openden de deuren voor ons, maar er waren in die tijd nog niet genoeg *brothers* en *sisters* om die deuren ook open te houden. Ditmaal zijn ze opnieuw geopend, maar nu zullen we ervoor zorgen dat ze ook open blijven.'

Africentricity uit zich bij The Jungle Brothers onder meer in de nadruk op de geschiedenis van de zwarte bevolking. Zo is *Acknowledge your history*, dat opent met de woorden '*My forefather was a king*', een felle aanval op de geschiedenislessen op de Amerikaanse scholen: '*All you read about is slavery, never 'bout the Black Man's Bravery.*'

'De geschiedenisboekjes vertellen niet het hele verhaal,' vindt Mike G. 'Voor de Amerikanen begint de geschiedenis van de zwarte bevolking bij de slavernij. Maar voor ons begint die natuurlijk in Afrika, waar we koningen en koninginnen waren, wiskundigen en technici. Afrika is de moeder van de beschaving.'

Jungle staat op *Done by the forces of nature* ook niet langer voor het grijze asfalt van de Newyorkse straten, maar voor de groene overdaad van het Afrikaanse oerwoud. Op de hoes staat de groep afgebeeld in Afrikaanse kleding, de armen ten hemel gespreid. Mike G. noemt The Jungle Brothers dan ook een 'spirituele groep': 'Dat is nooit zo gepland, het is iets wat langzaam is gegroeid toen we een eigen stijl begonnen te vinden. Het past bij onze karakters.'

Het zo typerende realisme van de hiphop-teksten heeft op *Done by the forces of nature* plaatsgemaakt voor geloof in de mogelijkheid van een betere wereld, een bijna religieus vertrouwen, zoals verwoord in *Good Newz Comin:*

> Good news everyone, the Last Day is right around the corner
> down the block, and up the boulevard
> The oppressed will be saved from oppression
> The ghetto will be TransAfrikaned
> Expressed to the heavens
> The Righteous Playgrounds.

The Jungle Brothers vormen de voorhoede van een nieuwe rap-generatie, die zich min of meer baseert op de ideeën van een van de pioniers van de Newyorkse hiphop: Afrikaa Bambaataa. Mike G.: 'Hij is onze mentor, een leraar. Hij is de grootvader van de Zulu Nation, hij stond aan de wieg van hiphop met *Planet Rock*, en is altijd een bron van inspiratie voor ons gebleven.'

The Jungle Brothers noemen zich 'kleinkinderen van Afrikaa Bambaataa'. Van hem nam de groep het idee van de Zulu Nation over: een staat binnen de staat, bedoeld om zwarte Newyorkers bewust te maken van hun Afrikaanse *roots*. De lederen medaillons van de Zulu Nation zijn opgebouwd uit vier kleuren – rood, zwart, groen en goud – die elk een eigen betekenis hebben. Mike G.: 'Zwart staat voor de kleur van de mensen, rood voor het bloed dat is vergoten, groen voor de aarde en goud voor de zon.'

De verwijzing naar Afrika komt niet alleen tot uitdrukking in de teksten. Voor de muzikale begeleiding van de raps putten The Jungle Brothers, als een van de eerste rap-crews, behalve uit de soul-, funk- en rhythm & blues-traditie ook uit de Afrikaanse muziek. Het is typerend voor de muzikale ruimdenkendheid van de groep, die al eerder naar voren kwam in de single *I'll house you* – een rap-versie van Todd Terry's *Can you party*. *I'll house you* was een gedurfde poging om een brug te slaan tussen hiphop en house – stijlen die zich per traditie tot elkaar verhielden als water tot vuur. Mike G. heeft nooit begrepen waarom een deel van het rap-publiek zich zo verzette tegen house: 'Het is gewoon dansmuziek, net zoals disco dat tien jaar geleden was. *I'll house you* heeft ons publiek doen inzien dat de verschillen tussen rap en house er niet toe doen.'

Opmerkelijk is het grote aantal namen van andere rap-crews, die op de binnenhoes van *Done by the forces of nature* worden bedankt. Het is een vaste traditie op rap-albums geworden, die je het gevoel geeft dat de hiphop-wereld steeds meer als een front opereert. Mike G.: 'We komen ook allemaal van dezelfde plaats en ontmoeten elkaar steeds weer. Eerst zaten we bij elkaar op school, later kwamen we elkaar tegen tijdens de *jams*, en op tournees. We hebben ons hoofd niet verloren, we zijn echt. Rap gaat over de straat: je mag nooit vergeten waar je vandaan komt. Je *brothers* in de steek laten, *that's not the right thing*.'

The right thing: de hiphop-wereld heeft in de afgelopen tien jaar een eigen stelsel van normen, waarden en morele codes opgebouwd, zoals bijvoorbeeld ook naar voren komt in Spike Lee's film *Do the right thing*. Op de vraag wat hij van de film vond, is Mike G.'s aarzelende antwoord: 'behoorlijk goed.' Maar hij voegt er onmiddellijk aan toe dat de sfeertekening alleen representatief was voor één wijk van de stad: 'Brooklyn. Het is anders in Harlem, Queens of de Bronx. Sommige plaatsen zijn beter, andere slechter.'

Zelf woont hij in Harlem: 'Het grootste probleem daar is het druggebruik, niet de rassenonlusten. Er wonen bijna alleen Afro-Amerikanen, hoewel de blanken Harlem nu ook beginnen te ontdekken. Het is dan ook een geweldige wijk om te wonen. Treinen en taxi's rijden de hele nacht, winkels zijn vierentwintig uur per dag open. Voor mij is Harlem het paradijs op aarde.'

Mike G. behoort tot de generatie rappers die opgroeiden met hiphop: 'Het is altijd een deel van m'n leven geweest. Lang voor de rest van de wereld van rap hoorde, werden er in New York al overal *block parties* en hiphop-*jams* gehouden.'

De eerste *jam* die hij bezocht was in het Bronx Rivercentre: 'Dj Red Alert nam me mee. Die dag traden alle grote namen op. Afrikaa Bambaataa, Soulsonic Force, Pow wow, Globe, Ice Ice,

Donald D. en Grandmaster Flash & The Furious Five.'

Vooral de ontmoeting met Afrikaa Bambaataa maakte diepe indruk: 'Het was of we elkaar altijd al hadden gekend. Hij stelt je meteen op je gemak, geeft je het gevoel dat je deel uitmaakt van een familie. Hij was een soort oom voor me, behandelde me als z'n kleine broertje.'

Zelf begon hij *rhymes* te schrijven toen hij een jaar of twaalf was: 'Ik wilde eerst dj worden, maar ik had geen apparatuur om te kunnen oefenen.' Vanaf zijn eerste voorzichtige stappen werkte hij met Jungle Brothers-dj Sammy B.: 'In die tijd waren er overal in Harlem en The Bronx *block parties*, zo ongeveer op elke straathoek. Elektriciteit werd afgetapt van de straatlantaarns. Soms waren er wel drie *parties* in dezelfde straat. Dat werden er hele *battles* gehouden, om te kijken wie het meeste publiek kon trekken. 's Zomers liepen we dan van blok naar blok. Als we de kans kregen, deed Sammy een *break beat* en zei ik wat *rhymes*. Het was zo'n immens gevoel om daar te staan in de buitenlucht, in plaats van in je eigen kamer.'

Sinds die eerste *block parties* is de Newyorkse straatmuziek uitgegroeid tot een miljoenenindustrie. De grote platenmaatschappijen hebben rap – eindelijk – ontdekt, maar opvallend genoeg heeft dat nauwelijks invloed gehad op de muziek zelf. Hiphop trekt zijn eigen lijn, het enige effect dat de inmenging van de *majors* heeft gehad, is dat de platen nu overal te koop zijn. 'Distributie is altijd een probleem geweest van kleine labels,' zegt Mike G. 'Daarom waren onze platen tot nu toe bijvoorbeeld nauwelijks verkrijgbaar aan de Westcoast.'

Dit jaar tekenden The Jungle Brothers bij multinational Warner Bros. Een miljoenencontract, zo werd gefluisterd, maar de vermoede commerciële pressie bleek geen enkele invloed op de muziek te hebben gehad. *Done by the forces of nature* was al opgenomen toen de deal met Warner Bros. werd gesloten. 'De keus voor een grote maatschappij had voor ons alles te maken met het feit dat we willen dat onze boodschap overal gehoord kan worden.'

Mike G. twijfelt er niet aan of de teksten wel worden opgepikt door het publiek: 'We krijgen onzettend veel reacties. En steeds blijkt hetzelfde: de muziek is de magneet, *a ticket to get there*. De teksten komen pas na een tijdje, dan beginnen ze langzaam op ze in te werken.'

Wat dat betreft zijn The Jungle Brothers voor hem slechts een radertje in een veel groter geheel: 'Alle rap-crews streven uiteindelijk naar hetzelfde: verandering. Daarvoor moeten we onze krachten bundelen. Rap is als een raket: het schiet omhoog, en zal uiteindelijk exploderen en de hele hemel verduisteren. Dan zal iedereen weten waar we voor staan.'

In de filosofie van The Jungle Brothers zijn er vier elementen nodig om die verandering teweeg te kunnen brengen: *peace, unity, love and understanding*. Mike G.: 'En we moeten leren begrijpen hoe deze elementen in elkaar grijpen. *That's how we shall overcome.*'

Ogenschijnlijk ligt er een wereld van verschil tussen de benadering van The Jungle Brothers en een radicale groep als Public Enemy, maar in plaats van de verschillen te benadrukken, praat Mike G. liever over de overeenkomsten: 'We vechten voor dezelfde zaak. Een politieke groep als Public Enemy is evengoed nodig. Ze houden ons op de hoogte van wat er in de wereld aan de hand is. De meesten van ons weten daar weinig van.'

Jungle Brothers en Public Enemy zijn voor hem dan ook verschillende wegen naar hetzelfde doel: 'Want uiteindelijk zijn we allemaal op weg naar dezelfde poort. De poort waarop met grote letters staat geschreven: rechtvaardigheid.'

(1990)

George Clinton

Zijn muzikale carrière omspant de hele geschiedenis van de zwarte muziek, vanaf de *doo wop* van de jaren vijftig. George Clinton heeft een staat van dienst, waar de meeste andere muzikanten minstens zeven levens voor nodig zouden hebben. Er is vermoedelijk niet één popartiest, wiens invloed zo'n breed scala van stijlen omvat. Van hiphop en house tot Prince en The Red Hot Chili Peppers, overal heeft *the godfather of funk* zijn sporen nagelaten. En al is zijn platenverkoop nog maar een fractie vergeleken bij de gouden periode in de jaren zeventig, hij beschikt nog altijd over de hele wereld over een grote schare trouwe fans.

Dat bleek al toen Clinton na een afwezigheid van vijf jaar in 1989 zijn comeback maakte tijdens de openingsavond van het New Music Seminar in het Paladium in New York. Het publiek zong de teksten van Funkadelic-klassiekers als *Maggot brain*, *Atomic dog* en *Chocolate city* woord voor woord mee. Clintons achttienkoppige freak-circus vierde de triomfantelijke terugkeer op de podia met een urenlange funk-party, waarbij ook de muzikanten van De La Soul het overvolle podium betraden.

De La Soul was een van de rap-groepen die Clintons p-funk weer in de belangstelling bracht. Hun eerste hit *Me, myself and I* was gebaseerd op een thema van Funkadelic. In tegenstelling tot James Brown, een andere veel geciteerde veteraan, heeft Clinton geen problemen met sampling: 'Los van het feit dat ze me ervoor hebben betaald, heeft dat nummer weer een heel nieuw publiek op het spoor van de oude Funkadelic-platen gezet. En inmiddels gebruikt een heel legioen rappers Funkadelic-samples: MC Hammer, Digital Underground, noem maar op. Het is als met onweerstaanbaar lekkere chips. Heb je er eentje geproefd, dan wil je er steeds meer, totdat de hele zak leeg is.'

Clintons terugkeer naar het concertpodium viel samen met

het verschijnen van de lp *The Cinderella complex*, zijn eerste plaat voor het Paisley Park-label van Prince. Clinton kende Prince al zo'n vijftien jaar: 'Prince is een echte *funkateer*. In de jaren zeventig hing hij altijd rond bij onze shows. Heel stil, keek alleen maar, maar nam alles in zich op. Toen al kon ik zien dat hij een bijzonder talent was, met een geweldige *drive*.'

De muziek van Funkadelic was een van de voorbeelden voor wat Prince een decennium later zelf zou doen. In 1988 kon hij zijn mentor een wederdienst bewijzen, toen diens pogingen om een nieuwe plaat uit te brengen strandden op de stugge houding van de platenwereld. Clinton: 'Opeens vond elke maatschappij ons te ongewoon, ze wilden dat we klonken als een normale funkband. Terwijl die ongewoonheid altijd onze kracht is geweest. Daarom belde ik Prince op. Die was meteen enthousiast.'

Dat het Clinton zoveel moeite kostte om een nieuwe maatschappij te vinden had alles te maken met zijn compromisloze houding ten opzichte van zijn eigen muziek: 'We maken onversneden funk, en dat zullen we altijd blijven doen. Dat was ook de kracht van Funkadelic, het was echt. Een klein fragment was voor De La Soul al voldoende om er een hit mee te scoren, omdat het in zijn originele vorm puur was. Voeg er wat water aan toe, mix het en je hebt nog steeds een heel krachtig brouwsel.'

Funk is het sleutelwoord in Clintons muziek, of liever, beide zijn synoniem met elkaar. Clintons p-funk is echter meer dan een stijlvorm. Je kunt funk beschrijven als een modernere variant van rhythm & blues, met een hoofdrol voor de scherpe syncopen van de bas. Maar voor Clinton en zijn muzikale familie is funk evengoed een levensfilosofie, die met Funkadelic in steeds wisselende vormen werd uitgedragen: een bizarre combinatie van psychedelica, space en surrealisme, waarin funk de bindende kracht was die het hele Amerikaanse volk tot een eenheid zou kunnen maken: *One nation under a groove*.

Clinton: 'Funk is tot het uiterste gaan, het maximum halen uit alles. Funk is: het zij zo, waarom zou je je zorgen maken. Als je alles hebt gegeven, als je je uiterste best hebt gedaan, dan moet je iets kunnen loslaten. *Smile*. Want wat er dan ook gebeurt, dat moet dan blijkbaar gebeuren.'

Het was ook die houding, zegt Clinton, die hem er weer bovenop hielp, toen zijn muzikale imperium aan het eind van de jaren zeventig instortte. Maar ondergronds bleef de p-funk leven, zodat Clinton nu opnieuw volle zalen trekt.

De oude meester heeft zich opnieuw omringd door een grote, steeds wisselende groep muzikanten uit de immense Funkadelic-familie. Waarom zo'n grote groep? 'Als het me om het geld ging, dan zou ik beter met een kleine band kunnen toeren. Maar met zo'n groot gezelschap is het gezelliger, eerder een schoolreisje dan een tournee. En het houdt de muziek fris. Elke avond is anders.'

Clintons werkwijze is een zeldzaamheid in de popmuziek, want pas op het podium wordt afgesproken hoe de avond er uit gaat zien: 'We hebben een uitgangspunt, de ruggegraat van de set. Maar hoe verder alles loopt, hangt af van het moment, de sfeer in de band, het publiek en de wisselwerking tussen beide. *It just flows.*'

Clinton omschrijft zijn rol vooral als *referee*, scheidsrechter: 'Ik geef aan waar we heengaan, wat er gaat gebeuren. Soms begint het publiek een stuk te zingen, en dan geef ik aan dat we dat nummer doen. Alle muzikanten kennen alle songs, of in ieder geval de basisstructuur. Als we een nummer lang niet gespeeld hebben, dan zijn ze misschien iets vergeten, maar dat maakt het juist zo leuk – *that's the fun*. Muzikanten zijn op hun best als je ze op het verkeerde been zet. Dan moeten ze echt hard werken.'

Je kunt je moeilijk voorstellen dat de leider van deze veelkleurige freakshow al bijna vijftig is. Zijn lachende antwoord op de vraag hoe hij zo jong blijft: 'Ik ken de geheimen van de DNA-code. Ik heb mezelf gekloond. Verder ga ik veel met jonge kids om. Zo voel ik mezelf eigenlijk ook nog altijd. Wat je oud maakt is de voortdurende zorg over wat anderen van je verwachten, hoe je je moet presenteren aan de wereld. Dat is wat we met de p-funk altijd hebben geprobeerd: om aan die nodeloze verspilling van energie een einde te maken.'

(1990)

The Red Hot Chili Peppers

Funk gespeeld met de razende energie van een punkgroep. De sound van The Red Hot Chili Peppers was anders en vooral ook wilder dan die van de meeste nieuwe bands uit de late jaren tachtig. Begin 1988 zetten ze Nederland op z'n kop met een korte tour langs het clubcircuit, die zo'n succes was dat de groep meteen werd gevraagd voor het Pinkpop-festival van dat jaar.

Vier jonge snotneuzen waren het, die van elk optreden een energie-explosie maakten, die meestal ontaardde in totale muzikale anarchie. Als toppunt van tegendraadse meligheid was er de notoire sok-act, waarbij de groepsleden in de toegift naakt op het podium verschenen met een grote voetbalkous over hun geslachtsdeel. Sex, *drugs and rock & roll*, dat was de wereld van The Red Hot Chili Peppers.

Nederland ging plat, maar aan de zo glorieus begonnen zegetocht kwam een onverwacht eind toen gitarist Hillel Slovak (25) kort na het optreden op Pinkpop overleed. In een nieuwe bezetting (drummer Jack Irons vertrok diezelfde zomer) ging de groep verder, al bleef het lange tijd onduidelijk of The Chili Peppers ooit weer het oude niveau zouden halen. *Mother's milk*, het eerste album met John Frusciante en drummer Chad Smith deed in elk geval het ergste vrezen. Het was de zwakste plaat uit de geschiedenis van de groep, de sound was kil en hard, terwijl de nummers de frisse energie misten die de groep juist zo bijzonder had gemaakt.

John Frusciante is bij nader inzien ook niet zo gelukkig met de sound van *Mother's milk*: 'Maar de plaat weerspiegelt de sfeer in de groep in die periode, hoe we ons voelden, wat we doormaakten. We waren nog geen eenheid, het lukte ons niet om de energie in dezelfde richting te sturen. Maar het is een eerlijke plaat, die de groep laat horen zoals ze toen was.'

Mother's milk mocht dan mager afsteken bij het eerdere werk, commercieel gezien was het verreweg de succesvolste plaat uit de geschiedenis van The Red Hot Chili Peppers. Begonnen in Hollywood aan het begin van de jaren tachtig, debuteerde de door Anthony Kiedis en bassist Flea opgezette groep in 1983 met *Red Hot Chili Peppers*, twee jaar later gevolgd door *Freaky styley*, geproduceerd door de godfather van de funk: George Clinton. Eind 1987 verscheen *The uplift mofo party plan*, vlak voor de roemruchte Nederlandse tournee van 1988. The Red Hot Chili Peppers waren toen nog altijd een obscuur underground bandje, maar vreemd genoeg kwam daar met hun zwakste plaat verandering in. *Mother's milk* werd de eerste hit van de groep, mede dankzij het succes van de single *Higher ground*, een cover van de Stevie Wonder-klassieker.

The Red Hot Chili Peppers zijn nu *big* in Amerika, maar Kiedis (die zich inmiddels een villa in Hollywood kon aanschaffen) haalt er zijn schouders over op: 'De wereld heeft enige tijd nodig gehad om warm te lopen voor wat we doen, we hebben heel gestaag een basis opgebouwd. Nu plukken we daar de vruchten van. Maar wat mij betreft zijn al onze platen even succesvol geweest, omdat we altijd ons gevoel gevolgd hebben en nooit concessies hebben gedaan aan de muziekindustrie. Succes heeft voor mij niets te maken met roem of rijkdom, maar met het maken van de muziek waarin je gelooft.'

Kiedis' ontblote bovenlijf is bijna geheel gevuld met tatoeages, die zo langzamerhand het handelsmerk van de groep zijn geworden. Maar het imago van stoere rockers, nog versterkt door een houding van 'niet lullen, maar spelen' blijkt niet meer dan buitenkant. In de loop van het gesprek wordt steeds meer duidelijk dat de groep weinig op heeft met de Amerikaanse (hard) rock en heavy metalwereld, die het duo omschrijft als 'kil en oppervlakkig'.

Het nieuwe Chili Peppers-album *Blood sugar sex magik* is op alle fronten beter dan zijn voorganger. Het lijkt erop dat de groep zijn draai weer gevonden heeft. De plaat werd geproduceerd door Rick Rubin, bekend van zijn werk met The Beastie Boys, The Black Crowes en metalgroepen als Slayer en Danzig. Je zou verwachten dat Rubin The Chili Peppers nog wat meer in de metal-richting zou hebben geduwd, vooral ook omdat het hard rock-speedmetal-element als besloten lag in de sound van de groep. Maar *Blood sugar sex magik* is een heel ander soort plaat geworden. In plaats van zich aan te sluiten bij het nog altijd groeiende leger metal-bands, keert de groep terug naar het oorspronkelijke uitgangspunt: onversneden funk in de traditie van George Clinton. De loom swingende *grooves* zijn zwaar en diep (Kiedis: 'Als ondergrondse stromen lava'), terwijl de songs klinken alsof ze live werden gespeeld. 'We hebben alle nummers zo veel mogelijk in een keer opgenomen', beaamt Kiedis: 'En bijna zonder *overdubs*. Je hoort echt een *band* spelen.'

Rick Rubin ('The Bearded Wonder') had teveel bewondering en respect voor The Chili Peppers om de sound van de groep te willen veranderen, volgens Kiedis: 'Hij deed wat een goede producer hoort te doen. Dat wil zeggen, hij was een objectieve buitenstaander, die het beste uit de groep wist te halen.'

Toen Rubin bij de plaat werd betrokken, werkte de groep al geruime tijd aan nieuw materiaal. Kiedis: 'Na onze laatste Amerikaanse tournee hadden we ruim een halfjaar om in alle rust te werken aan nieuwe nummers. Zeven maanden lang repeteerden we elke dag, schreven veel songs en vonden langzaam maar zeker de *sound* die ons het beste paste.'

'Rubin was enthousiast, vooral ook over het organische gevoel van de muziek,' zegt Kiedis. 'Daarom stelde hij voor dat nog wat verder naar voren te brengen. Hij huurde uitsluitend oude apparatuur, zoals een antieke jaren vijftig-mengtafel, die een veel warmere klank heeft dan de moderne apparaten.'

Het gesprek komt op de technische kant van het opname-proces, maar Kiedis haakt al gauw af: 'Eerlijk gezegd weet ik er heel weinig van, het interesseert me ook niet. Veel muzikanten staren zich blind op de techniek en gaan zo voorbij aan datgene waar het werkelijk om draait.' Hij noemt bassist Flea een muzikant naar zijn hart: 'Ik ken hem nu elf jaar en hij weet nog steeds nauwelijks hoe z'n versterker werkt. De enige knop die hij weet te vinden is die van het volume.'

Kiedis prijst de producer om zijn inzicht in wat de groep zocht: 'Een warme gloed in plaats van metalen kilte. Het was ook Rubins idee om het album op te nemen in een huis in plaats van een opnamestudio, om op die manier een aangename, ontspannen werkomgeving te creëren.'

De keus viel op een oud landhuis in Hollywood, een legendarische plek uit de popgeschiedenis: hier zouden The Beatles hun eerste LSD-trip hebben genomen. Ook was het een tijdje de verblijfplaats van Jimi Hendrix, een van de grote helden van The Chili Peppers. Het gerucht dat het zou spoken in het landhuis, kon de groep al snel bevestigen. In een interview met een Amerikaans blad vertelde Kiedis dat het huis werd bewoond door geesten, ze zouden zelfs te zien zijn op de groepsfoto's die voor de plaat werden gemaakt.

Hoe dan ook, de maanden van wonen, werken en opnemen op die plek hebben Kiedis en Frusciante niet onberoerd gelaten. Frusciante noemt het maken van de plaat 'zowel creatief als spiritueel de mooiste ervaring van mijn leven', Kiedis herinnert zich 'dagen en dagen dat de groep zich liet meevoeren op golven van muzikale telepathie'.

Soms maakt dat het praten er niet makkelijker op. Zoals wanneer het gesprek komt op de popwereld in het algemeen. Kiedis en Frusciante wijzen elke overeenkomst tussen de muziek op deze plaat en de *sound* van verwante groepen af. Dat het toonaangevende Amerikaanse blad *Billboard* dit jaar een coverstory wijdde aan de doorbraak van een hele golf nieuwe punk-funk-rock-groepen, aangevoerd door bands als The Red Hot Chili Peppers en Urban Dance Squad, zegt het duo niets. 'Wie overeenkomsten ziet tussen onze muziek en die van Urban Dance Squad kijkt wel heel oppervlakkig naar muziek,' vindt Frusciante. 'Stijlen en genres, allemaal onzin. Dat wordt alleen maar bedacht door journalisten die muziek in een categorie moeten onderbrengen. Funk, metal of rock zijn inhoudsloze benamingen. Voor mij klinken The Chili Peppers eerder als de hemel, de bomen, de aarde, het gras... als *de maan*!'

Waarom de maan? Zo'n vraag doet voor Frusciante de deur dicht: 'Als je dat nog moet vragen, zul je het nooit begrijpen.'

Het duurt even voor het gesprek weer op gang komt. Kiedis legt uit dat het niet meevalt om steeds op één lijn te worden gesteld met stijlen en bands waar de groep weinig mee op heeft. Als *Blood sugar sex magik* al ergens mee vergeleken moet worden, dan liever met een album als *Everybody knows this is nowhere* van Neil Young: 'Johns gitaarspel is wat mij betreft het beste sinds het spel van die gitarist van Neil Young, Danny

Whitten.' Hij begint te zingen: '*Hello Ruby in the dust*... de vloeibare vibraties van muziek, de emotionele power, dat zegt ons meer dan het praten over stijlen.'

Frusciante: 'The Chili Peppers staan dan wel bekend als een groep die veel lol maakt en over het podium springt, maar waar het om gaat is wat daar achter ligt: het uitdrukken van een gevoel voor ieder die zich daarvoor wil openstellen.'

Het valt niet mee om dat gevoel in woorden uit te drukken, vindt Kiedis, daarom praat hij ook niet makkelijk over de inhoud van een nieuwe plaat: 'De songs drukken zichzelf uit, veel beter dan ik dat met woorden kan.'

Na enig aandringen wil hij nog wel wat zeggen over het openingsnummer *The power of equality*, een felle aanklacht tegen racisme (*Death to the message of the Ku Klux Klan*): 'Het nummer beschrijft een vluchtig moment waarop ik me even kon voorstellen hoe de wereld er zou uitzien als er geen racisme en seksisme waren, en wat een geweldige verlichting dat zou geven. Hoe veel aangenamer de wereld zou zijn als alle haat, onzekerheid en frustratie verdwenen was. In een flits ging die gedachte door me heen, en nu ik het je zo vertel heb ik er eigenlijk al weer spijt van dat ik het uitleg. De song zelf zegt het zoveel beter.'

Blood sugar sex magik is de eerste plaat voor Warner Bros., een maatschappij waarbij The Chili Peppers volgens het duo beter past dan EMI. In de zes maanden dat de groep zonder platencontract zat en in alle rust kon werken aan nieuw materiaal, werden zoveel nummers geschreven, dat besloten werd om de maximale lengte van de cd te benutten. De cd-versie van het album bevat zeventien nummers, de – alleen in Europa uitgebrachte – vinyl-versie zelfs negentien songs, verdeeld over twee platen. Kiedis en Frusciante blijken fervent voorstander van de traditionele zwarte schijf, die naar hun idee zelfs met krassen en tikken beter klinkt dan, zoals Frusciante het noemt, 'die lelijke, buitenaardse mechanische robot, die ongevraagd de huiskamer is binnengedrongen'.

Kiedis: 'Daarom willen we de platenkopers ook niet in de kou laten staan, het is al erg genoeg dat de plaat in Amerika niet eens meer op vinyl zal verschijnen.'

Het opvallendste aan *Blood sugar sex magik* is misschien wel de aanwezigheid van een paar langzame nummers, ballads (*salads*, zoals de groep ze zelf noemt), die overigens opvallend goed uitpakken: geen gezwijmel of gelikte romantiek, maar heel fraaie ingetogen liedjes. Dat moet een gewaagde zet zijn geweest voor een groep die toch bekend werd met een repertoire van harde, up-tempo songs. Kiedis haalt zijn schouders op: 'Als je jezelf bent, als je eerlijk bent, dan kan een song nooit gelikt klinken. We hadden ook geen keus: de muziek diende zichzelf aan, het enige wat we hadden kunnen doen is die te negeren. Maar we zijn niet bang om zulke gevoelens uit te drukken. Het is pas zwak als je zoiets zou ontkennen.'

Meest opvallend aan de plaat is misschien nog wel de stem van Kiedis, die veel beter is gaan zingen: 'In de eerste jaren was zingen voor mij het uitrazen van een hoop nerveuze energie, mijn eigen gekte. Dat was goed, tenminste voor het moment. Nu ben ik rustiger, en daarom ook een beter zanger. Het is een groeiproces, een kwestie van tijd, liefde, toewijding, rust. Hoe groter mijn liefde werd, hoe meer mijn stem groeide.'

'En hoe groter zijn pik werd', klinkt opeens de stem van John Frusciante. Pfff, gelukkig. Zulke geintjes kunnen ze tenminste ook nog maken.

(1991)

De doos van Pandora – Urban Dance Squad

Voor vlotte promotiebabbels hoef je niet bij ze aan te komen. Een gesprek met gitarist Tres Manos is in een kleine drie uur elke richting uitgegaan: van Gulliver die op het strand wakker wordt om te ontdekken dat hij vastgebonden is aan touwtjes, via de Gausswolk en 'rasartiesten' (een lelijk woord) naar blueslegende Robert Johnson, die in korte tijd opeens zo goed kon spelen dat er werd gefluisterd dat hij zijn ziel had verkocht aan de duivel.

Als zijn eigen groep en de lp/cd *Mental floss for the globe* ter sprake komt, blijft het stil. Geen grappige anekdotes of pakkende *one-liners*, alleen een droog: 'Het is een begin.'

De beste momenten van Urban Dance Squad zijn nog niet vastgelegd, vindt hij: 'Ik zou de power van een live-optreden willen horen. En iets wat muzikaal nog veel *verder* gaat.'

Verder. Producer Jean-Marie Aerts moet het zo af en toe geduizeld hebben. Toen *Mental floss for the globe* klaar was, keurden de groepsleden de uiteindelijke mixes af. 'Te veel galm.' Want galm klinkt chic, maar al snel gladjes. En al geeft het 'moderne' produkties dan wel een bepaalde ruimtelijkheid, het haalt veel van de kracht van de muziek af.

'We wilden het veel directer laten klinken,' zegt drummer Magic Stick, terwijl hij het verschil laat horen tussen een afgekeurde en uiteindelijke versie, die *nog* gemener blijkt te klinken. 'Dat gaf ook wel wat onenigheid met Jean-Marie. Als hij zei: "dit is mijn *limit*", dan wilden wij altijd nog verder gaan.'

Die eigenzinnigheid is misschien wel de meest typerende eigenschap van de vijf groepsleden. Samen met een hardnekkige tegendraadsheid en een afkeer voor alles wat clean en keurig klinkt. In een straat met netjes aangeharkte perkjes en geknipte gazons is Urban Dance Squad die ene wilde tuin, een jungle waar geen snoeimes aan te pas komt.

'Niet toegelaten tot het Hilversumse conservatorium van de lichte muziek,' mompelt Tres Manos met een bijna onzichtbaar lachje. 'Daarvoor beroeren we onze instrumenten te hardhandig. Die afspraak hebben we gemaakt toen we begonnen: dat het zou gaan om de *power*.'

Juist die ongerepte wildheid lijkt de belangrijkste reden dat Urban Dance Squad is uitgegroeid tot een van de spraakmakendste en succesvolste live-bands van Nederland.

Het is bijna een anachronisme in de jaren tachtig: een groep die zijn naam opbouwt met concerten. Urban Dance Squad is altijd bij uitstek een live-band geweest. Dat bleek al tijdens het eerste optreden in januari 1987, toen de band in het Utrechtse Vredenburg als outsider optrad tussen bekende en minder bekende lokale bands. De groepsleden hadden pas één keer samengespeeld, het repertoire bestond uit een aantal vage schetsen en akkoordenschema's. Half improviserend en met een fikse dosis bravoure denderde de Squad over de onthutste hoofden van het publiek heen. Explosief: het was geen loze kreet, want tijdens het podiumdebuut werden al meteen de basboxen van de P.A.-installatie opgeblazen.

Het nieuwe, verfrissende aan Urban Dance Squad was de manier waarop de band hiphop (een rapper en een dj) combineerde met het stevige geluid van een live-band – in plaats van begeleidingstapes, zoals bij de meeste hiphop-crews. Die sound was overigens niet het resultaat van een tevoren uitgedokterd meesterplan, maar (zoals bijna alles bij de groep) puur toeval. Rude Boy: 'De juiste mensen op de juiste plaats, op het juiste tijdstip. Dat is het verhaal van The Squad.'

De bandleden lijken nog het meest op de vleesgeworden hoofdpersonen uit een stripverhaal. Vijf karakters die niets met elkaar gemeen hebben, behalve het feit dat ze in dezelfde band spelen: een uit de kluiten gewassen Hollandse drummer (Magic Stick) naast een zwarte Surinaamse bassist (Silly Sil). Achter de twee draaitafels dj DNA, wiens bleke kleur een heftig, maar uitputtend nachtleven doet vermoeden. Geflankeerd door gitarist Tres Manos – een indiaan met lang zwart haar en blauwe ogen – en Rude Boy, een kleine, energieke rapper op bovenmaatse *sneakers*.

Geboren in Paramaribo groeide Rude Boy (Patrick Tilon) op met The Beatles, favoriete groep van zijn vader, bassist in een van Suriname's bekendste bands. De naam Rude Boy hield hij over aan de tijd dat hij in een ska-groep speelde in Noord-Holland. Rap kwam pas later, 'toen die lp van L.L. Cool J uitkwam, met *Radio*. Voor het eerst proefde ik die kracht, datgene waar ik altijd van had gehouden in de ska, The Specials. Een soort rebellie.'

Dj DNA, die hij kende uit de hiphop-*scene*, nam hem een avond mee naar De Vrije Vloer in Utrecht, de oefenruimte van de nieuwe groep in wording. Meegebrachte teksten probeerde hij uit op de muziek van de andere groepsleden: 'En het was gek, maar het leek op de een of andere manier precies te kloppen. Alsof die schema's wachtten op juist die begeleiding.'

Magic Stick: 'Die eerste ontmoeting, dat was een gevoel dat je maar een paar keer in je leven kan hebben... het was *magic*. Onze *sound* was er al meteen: mijn zware drumwerk, die rare gitaar-*riffs*, zo'n funkige bas, scratches, en dan zo'n eersteklas rapper. Iedereen keek elkaar aan: wat gebeurt hier?!'

Bassist Silly Sil (Silvano Matadin) speelde in verschillende Utrechtse funkbands, voordat hij met de Afro-rockgroep Ga Ga de Grote Prijs van Nederland won. Na het uiteenvallen van die band zette hij The Dance Squad op, oorspronkelijk bedoeld als gogo/funk-band met blazers. Maar met de komst van Magic Stick (Michel Schoots) en Tres Manos (René van Barneveld) maakte de groep een koerswijziging van honderdtachtig graden.

Michel Schoots had de Academie voor Beeldende Kunsten in Arnhem en een baan als graficus bij een reclamebureau opgegeven voor de muziek. Hij maakte de fotoserie die de binnenhoes van de Urban Dance Squad-lp siert: de band op tournee. 'Dat is voor mij het absolute geluk, dan ben ik in m'n element. Als ik *on the road* ben met de jongens, reizend van plaats naar plaats. Mijn drumstel in de buurt en altijd een fototoestel bij de hand.'

Evenals Michel, die voor The Dance Squad speelde in de industriële wavegroep The Div, bepaalden tournees de afgelopen jaren ook het leven van gitarist René van Barneveld, die een glanzende academische carrière inruilde voor een oude droom – spelen in een band. Als gitarist in de groep van soul-zanger Rufus Thomas kreeg hij de kans om in de voetsporen te treden van twee van zijn voorbeelden: rhythm & blues-gitarist Steve Cropper en Jimi Hendrix, die ooit nog een blauwe maandag bij Thomas speelde maar de groep werd uitgezet wegens 'onhandelbaar gedrag'.

Dat laatste zou een anekdote uit de Dance Squad-geschiedenis kunnen zijn, die bol staat van conflicten en botsingen. De wisselwerking tussen de groepsleden – de chemie – levert afwisselend een explosief, dan wel giftig brouwsel. Toen de band deze zomer in New York optrad, belde Tres Manos me de laatste dag van het New Music Seminar op, om somber te melden dat de bom was gebarsten: Urban Dance Squad was uit elkaar. Twee dagen later speelde de groep in Boston de sterren van de hemel.

Boze gezichten, felle ruzies horen nu eenmaal bij The Squad, vindt Michel: 'We zijn een eerlijke band. De emoties worden niet onder stoelen of banken gestoken. Maar wat ons altijd weer naar elkaar trekt is de muziek.'

Gaat een optreden goed, dan gaat het ook heel goed. En, er is altijd een overvloed aan ideeën geweest: het Dance Squad-archief bevat een almaar groeiende verzameling schetsen en vage ideeën, opgenomen tijdens urenlange improvisaties, die *altijd* worden opgenomen en bewaard. De *jams* vormen het uitgangspunt voor de uiteindelijke nummers, die ook worden geregistreerd als groepscomposities, want 'elk bandlid levert een gelijkwaardige bijdrage'. 'Dat maakt The Dance Squad een echte *groep*,' vindt Michel.

In de loop van 1988 diende zich opeens een generatie groepen aan, die zich ruwweg in hetzelfde genre bewogen als The Dance Squad, en met wie de band in de loop van dat jaar ook optrad: The Red Hot Chili Peppers, Fishbone en Living Colour. Die stijlverwantschap was voor de buitenlandse pers ook altijd een aanknopingspunt. '*The Red Hot Chili Peppers on amphetamine*', schreef het Engelse popblad *Sounds* over het optreden van The Dance Squad in New York. Maar op *Mental floss for the globe* blijkt The Dance Squad zich in een andere richting ontwikkeld te hebben. Alsof de doos van Pandora opensprong en alle stukjes muziek op de verkeerde manier weer bij elkaar werden gebracht: 'Heavy metal naast soul, hiphop en country, ska met funk en rhythm & blues. De manier waarop die stijlen, vaak samengebracht in één song, botsen en wringen is typerend voor de manier waarop The Squad de afgebakende grenzen van stijl overschrijdt.'

Een lp vol experimenten, spontane ideeën en onverwachte invallen. Er zijn weinig groepen die zich een dergelijke aanpak kunnen veroorloven. Maar Urban Dance Squad had alle vrijheid bij het opnemen van de plaat. De opnamekosten werden gedeeld door de groep zelf, boekingsbureau en management Double U, en de Brusselse ICP-studio, die de groep benaderde na het zien van een door de VPRO uitgezonden zelfgemaakte clip. Het was een vreemde constructie, maar de voordelen (een veel groter opnamebudget) wogen uiteindelijk zwaarder dan de nadelen (royalty's verdeeld onder drie partijen).

Met het kant en klare album, waarvoor de groep samen met Peter te Bos (Claw Boys Claw) ook de hoes ontwierp, werd onderhandeld met zowel *independents* als grote maatschappijen. Uiteindelijk viel de keus – nogal onverwacht – op Ariola, een maatschappij die eigenlijk alleen een traditie heeft in commerciële hitparadepop. 'Ariola deed het beste bod,' zegt Michel, 'dat was de enige reden dat we juist met die maatschappij in zee gingen.' Voor de groep verandert er verder niets. 'We hebben nooit concessies gedaan. Nu dus ook niet. We zijn nog steeds *independent*. Ariola doet alleen de promotie en distributie. Een grotere maatschappij beschikt nu eenmaal over een veel uitgebreider en krachtiger distributie-apparaat.'

Ariola koos *Deeper shade of soul* als single. Het lag voor de hand, want het is waarschijnlijk wel het toegankelijkste nummer van de plaat – opgebouwd rond een sample van een oud soul-nummer van dezelfde naam. De originele versie kwam uit de platencollectie van DNA, wiens draaitafel-werk op de lp veel verder gaat dan het scratchen (ritmisch heen weer bewegen van de platen). DNA's bijdrage bestond vooral uit het toevoegen van vreemde ontregelende muziekflarden – van het piano-intro uit *We love you* van The Stones tot reggae, Beefheart, Minny Pops, exotische muziek en *Land of hope and glory*. Een anarchie van klanken, die maakt dat sommige nummers klinken alsof je gelijktijdig luistert naar drie radiozenders. Zoals in de laatste seconden van *Say a little prayer for my demo*, waar de stem van een Amerikaanse radio-reporter wordt onderbroken door een manisch lachje, dat weer overgaat in een vreemd gepruttel: het geluid van een pick-upnaald die over het papieren label van een plaat schuurt.

Het maakt van *Mental floss for the globe* een collage van de moderne wereld, die uiteindelijk ontaardt in een energie-explosie: *God blasts the queen*. '*You need a mental floss, cause your head is full of shit.*' De woorden van Rude Boy luiden enkele minuten van totale muzikale anarchie in, waarin de luisteraar nog eens even vakkundig door elkaar wordt geschud.

Mental floss, dat is het thema dat als een rode draad door de hele lp loopt, legt Rude Boy uit: 'Dat is altijd het idee van de band geweest: dat alles mogelijk moest zijn, dat we ons niet in een hokje zouden laten stoppen. Muziek is geen kwestie van regels, muziek is puur gevoel, moet uit het hart komen. Mensen die denken in muzikale regels en wetten – dit mag niet, dat mag wel – hebben een *mental floss* nodig. Om alle vooroordelen uit het brein te spoelen.'

Rude Boy weet waar hij over praat. De hiphop-*scene* had in eerste instantie grote moeite met de manier waarop hij zich inliet met een rock & roll-band. Zijn conclusie: 'Bijna iedereen kan wel een *mental floss* gebruiken. Neem gekleurde jongens zoals ik. Wij zijn in een wereld opgegroeid waar iedereen sowieso al in hokjes wordt geplaatst, maar waarvan ook wordt verwacht dat ze in die hokjes *blijven*.'

In de titelsong gebruikt de groep een sample van een ska-nummer: *Let the rude boy step out of jail*. Het is hem op het lijf geschreven, vindt Rude Boy: '*Jail*, dat is de muzikale cel waar ze me in geplaatst hebben. Een gevangenis waar ik uitstap.'

In knauwend Amerikaans citeert hij: '*I'm whack say the black, I'm black say the white*. Omdat ik zwart ben, zeggen de zwarten, is het waardeloos dat ik *noise* maak. De blanke zegt: hij is te zwart om deze muziek te maken. Die bekrompenheid, daar zetten we ons tegen af. Michel is *my brother*, DNA ook, net als Silvano en René. Huidskleur is van geen belang als je muziek maakt. Urban Dance Squad is daar het bewijs van.'

(1989)

Even leek het erop dat de droom in stukken was gevallen. Urban Dance Squad was weer terug bij af. Na het succes van het debuutalbum *Mental floss for the globe* en de single *Deeper shade of soul*, die het tot de hoogste regionen van de Amerikaanse hitlijsten had gebracht, flopte de opvolger *Life 'n perspectives of a genuine crossover* in Amerika.

De samenwerking met de Amerikaanse maatschappij Arista werd beëindigd. En als klap op de vuurpijl stapte dj DNA – juist toen de groep weer overeind krabbelde – midden in een Franse tournee op de trein naar huis. Hij had er geen zin meer in.

Het vertrek van DNA kwam niet helemaal als verrassing. Urban Dance Squad was altijd al een explosief vat geweest: vijf tegengestelde karakters, die op hun beste momenten de sterren van de hemel speelden. Maar als de energie een verkeerde richting nam, was het ook goed mis. Urban Dance Squad was zo'n groep waarvan je altijd het gevoel had dat ze elk moment uit elkaar kon vallen. Of met veel kabaal kon ontploffen.

Aan de andere kant was dat juist wat de muziek zo'n kracht gaf. De ziedende energie die zich een uitweg zocht, het wrijven en botsen van tegengestelde stijlen: metal-funk-rap-noise, waarmee The Dance Squad niet alleen in Europa, maar ook in Amerika een imposante live-reputatie opbouwde.

Dat de groep toch allesbehalve uitgeteld was, bewees ze in de zomer van 1993 op A Flight to Lowlands Paradise, toen de kleine viermansbezetting zich voor het eerst aan een groot festivalpubliek presenteerde. The Squad speelde een snoeiharde, agressieve set en groeide uit tot een van de hoogtepunten van het festival. Dat was de laatste duw die platenmaatschappij Virgin nodig had om met de groep in zee te gaan. Het eerste resultaat van de samenwerking is het album *Persona non grata* en de single *Demagogue*.

De overeenkomst met Virgin maakte een einde aan een periode van onzekerheid. Meer dan een jaar hadden de vier muzikanten zonder platencontract gezeten, en in de eigen oefenruimte gewerkt aan nieuw materiaal.

Het vinden van een geschikte maatschappij bleek minder makkelijk dan was voorzien, al had dat alles te maken met de eisen van de groep, die ook niet misselijk waren. Urban Dance Squad gold als moeilijk, lastig, tegendraads, eigenwijs. Succes? Graag. Maar dan wel op de eigen voorwaarden.

'Vechten tegen de windmolens', noemde een vertegenwoordiger van de vorige platenmaatschappij die instelling. Urban Dance Squad ging als een jaren negentig Don Quichot een zinloos gevecht aan tegen de popindustrie. Het was het eind van een samenwerking, die in 1989 zo voorspoedig van start was gegaan met *Mental floss for the globe*.

De opvolger zou de groep nog een stuk verder hebben moeten brengen. Maar toen twee jaar later *Life 'n perspectives of a genuine crossover* verscheen, werd de caleidoscopische sfeer door lang niet iedereen begrepen.

'*A lot of good music*', moet Clive Davis, de hoogste baas van de Amerikaanse platenmaatschappij Arista gezegd hebben, '*but I hear no single.*'

'Arista had ons binnengehaald om hun alternatieve stal sterker te maken,' zegt Rude Boy. 'Maar uiteindelijk probeerden ze ons toch om te vormen tot een single-groep. En dat is – zoals René altijd zegt – een jas die ons niet past.'

Twee jaar nadat het land van de onbegrensde mogelijkheden de deur op een kier had gezet, sloeg het die met een harde klap weer dicht. Rude Boy: 'We zijn de oefenruimte in gegaan en begonnen met nieuwe songs te schrijven. De groep was meer *together* dan ooit, dat was het grappige. Maar op den duur begin je toch je zelfvertrouwen te verliezen, als je zolang op *hold* wordt gezet. Op een gegeven moment zeiden we tegen elkaar: *fuck it*, laten we gewoon weer gaan spelen. Live zijn we altijd een zware groep geweest. Dat is ook wat we op dit album hebben proberen vast te leggen. We zijn teruggegaan naar de eenvoud van het begin. *Back to basics.*'

De sound van *Persona nog grata* is een stuk feller dan die van de eerste twee albums. Dat is voor een belangrijk deel te danken de produktie van de Amerikaan Phil Nicolo, die naam maakte met zijn producersteam The Butcher Brothers. Ze waren de enige naam die voorkwam op twee van de favorietenlijstjes, die de Squad-leden naast elkaar legden, toen er over een geschikte producer werd vergaderd. Michel Schoots koos ze om hun *sound*:

'Ik kende ze van een rockplaat van Urge Overkill, Patrick vond hun produktie van de rappers Cypress Hill juist erg goed. Iets heel anders dus.'

Nog diezelfde dag dat er een fax naar Amerika ging, kreeg de groep antwoord: 'Ze waren zeer vereerd, kenden ons ook. Later vertelden ze dat veel bands met wie ze het afgelopen jaar hadden gewerkt, Urban Dance Squad hoog schatten, dat we andere groepen op het spoor hadden gezet.

De sound van Urban Dance Squad, de combinatie van harde rock en rap, is hoorbaar van invloed geweest op een hele generatie nieuwe Amerikaanse groepen, waarvan Rage Against the Machine (opgericht nadat de groep een optreden van The Squad had gezien) het sprekendste voorbeeld is.

De Squad-leden zelf reageren laconiek op de vergelijking. Rude Boy: 'In het begin krijg je wel een shock – hé, dat is mijn shit. Maar nu vind ik: ze doen wat ze doen, en daar zijn ze goed in. Ik heb er geen problemen mee, zie het ook niet als een bedreiging. Maar als een andere groep moeilijk doet, dan zeg ik: *I'm ready man*, laten we 't op het podium uitvechten.'

(1994)

Nirvana

Op 8 april 1994 werd de wereld opgeschrikt door het bericht dat Kurt Cobain, zanger van de groep Nirvana, een eind aan zijn leven had gemaakt door zich een kogel door het hoofd te schieten. Hij werd zevenentwintig.

Cobains dood kwam niet helemaal als een verrassing. Een maand eerder had hij zich in Italië ook al van het leven proberen te beroven. Er is naderhand overal gezocht naar voortekenen van deze ongelukkige afloop. Maar terugkijkend is het makkelijk om dingen te zien die er misschien niet waren. Daarom is deze tekst over de groep, zoals die ruim een halfjaar voor Cobains dood in de Volkskrant *verscheen, ook onveranderd opgenomen.*

Hij is rijk. Wereldberoemd. Met zijn groep Nirvana bereikte hij zo ongeveer alles wat er te bereiken valt in de wereld van de popmuziek. Het trio sierde de omslag van elk toonaangevend muziekblad in de wereld, werd het vlaggeschip van een nieuwe muziekstijl – grunge – terwijl het in de afgelopen twee jaar meer platen verkocht dan de grote sterren van de jaren tachtig: Madonna, Bruce Springsteen, Michael Jackson en Prince.

Van het in de herfst van 1991 verschenen tweede Nirvana-album *Nevermind* gingen zo'n negen miljoen exemplaren over de toonbank, een aantal dat nog steeds groeit. Kurt Cobain, de zesentwintigjarige zanger en gitarist van Nirvana zou een gelukkig mens moeten zijn. Maar nee, het lijkt hem allemaal weinig te kunnen schelen. In zijn eigen woorden: '*I don't give a fuck.*'

Typerend. Cobain beantwoordt nauwelijks aan het beeld van de popster voor wie wereldsucces de kroon op de carrière is. Nog maar twee jaar geleden was hij de frontman van een van de duizenden onbekende gitaarbandjes die Amerika telt. Maar de manier waarop Nirvana in een klap wereldfaam verwierf, maakte hem een ster tegen wil en dank – nog even ontevreden, stuurs en tegendraads als in de tijd dat hij met zijn groep in een aftands Volkswagenbusje van het ene naar het andere optreden reisde.

Het succes van Nirvana is een fenomeen dat alleen te vergelijken valt met de zeldzame hoogtepunten uit de geschiedenis van de rock & roll: de opkomst van Elvis, de Beatles-mania, de eerste Stones, de begindagen van de punk.

Nevermind en de single *Smells like teen spirit* veranderden het aangezicht van de popwereld, plaatsten Seattle op de wereldkaart, terwijl een aantal verwante bands (Pearl Jam, Soundgarden) in het kielzog van Nirvana werd meegesleept naar de hoogste regionen van de hitlijsten.

Nirvana was het soort groep waar de wereld lang op had gewacht. Een gitaartrio met een rauwe, opwindende sound, lekker heavy (maar geen heavy metal), direct en eerlijk. Zoals de single *Smells like teen spirit*, het nummer waarmee het grote publiek voor het eerst kennismaakte met de groep. Opgebouwd rond een gitaar-*riff*, die was ontleend aan de *sixties*-hit *Wild Thing* van The Troggs, verklankte het de gevoelens van de vervelende, ontevreden Amerikaanse jeugd, opgegroeid tijdens het republikeinse bewind van Reagan en Bush. Nirvana werd afgeschilderd als 'de stem van de nieuwe generatie', hoewel de groep het succes zoveel mogelijk probeerde te relativeren. 'Het enige wat we gedaan hebben, is een plaat uitbrengen', was het nuchtere commentaar van bassist Chris Novoselic.

Twee jaar nadat Nirvana de wereld op zijn kop zette met *Nevermind* verschijnt dan eindelijk de opvolger, *In utero* – een van de zeldzame popplaten die werkelijk het predikaat *langverwacht* verdienen. Sinds de eerste berichten over het album, meer dan een jaar geleden, is er heel wat over gespeculeerd en gedebatteerd. *In utero* zou minder toegankelijk zijn dan de voorganger, of zelfs 'onbeluisterbaar' zijn: een bak herrie, die het grote publiek, alle hitkopers en meelopers, de schrik van hun leven zou bezorgen. Voor eens en voor altijd zou worden afgerekend met het idee dat Nirvana een hitgroep was.

De drie groepsleden reageerden bepaald ongemakkelijk op de wereldfaam. Ze kwamen ook uit een hoek van de popwereld waar met argwaan wordt gekeken naar (te) grote populariteit. Miljoenensucces heeft bijna per definitie een corrumperend effect, staat zo ongeveer gelijk aan verraad aan de 'echte' muziek, de alternatieve rock.

Nirvana is een typisch produkt van de Amerikaanse underground, die voortkwam uit de punkgolf van de late jaren zeventig. Punk verwierp alles wat de popwereld sinds de jaren zestig had opgebouwd: het sterrendom, de massaliteit van de megaconcerten, de egotripperij, uitmondend in slappe, slaapverwekkende muziek. In Amerika kwam punk pas aan het begin van de jaren tachtig goed op gang, met bands als Black Flag, X en The Dead Kennedy's. Even rauw, agressief en energiek als de oorspronkelijke Engelse punk, maar met een eigen kleur. Hardcore, zoals het later genoemd zou worden, had vaak een politieke inhoud, maar was voor alles een reactie op de gevestigde muzikale orde, groepen als The Eagles en Fleetwood Mac – de oudere generatie, die haar idealen had verkwanseld voor een plaatsje in de sterrengalerij van Hollywood, met zijn villa's en privé-zwembaden.

In de loop van de jaren tachtig vormde zich een nieuwe muzikale *underground*, een nationaal netwerk dat communiceerde via gestencilde muziekblaadjes, *fanzines*, en muziek op kleine platen- en cassette-labeltjes. Slechts af en toe drong iets van die ondergrondse wereld door naar Europa: een aantal groepen van het SST-label of bands als Hüsker Dü, Big Black, The Replacements, The Wipers, Butthole Surfers, Fugazi en later The Pixies. Wat al die bands, hoe verschillend hun muziek ook mocht zijn, gemeen hadden, was het gebrek aan glamour. Ze hadden een laconiek soort slonzigheid, het rafelige uiterlijk van halve en hele straatmuzikanten, en een houding van 'mijn tijd zal het wel duren'. Dat was de wereld waarin Nirvana ontstond. In een van de vele middelgrote Amerikaanse steden, waar de echo's van punkmuziek en -ethiek tot ver in de jaren tachtig doorklonken.

Kurt Cobain werd geboren in 1967, het jaar van *Sgt. Pepper*, in het plaatsje Aberdeen in het noordwesten van de Verenigde Staten. Een dorpje van *rednecks*, zoals hij zelf later zou zeggen, in de staat Washington. De dichtstbijzijnde grote plaats was Seattle, ruim honderdvijftig kilometer verderop.

Popmuzikant worden was een jongensdroom, vanaf het moment dat hij met Kerstmis Beatles-liedjes zong voor familie en vrienden. Maar zoals zoveel muzikanten van zijn generatie, verloor hij in de loop van de jaren zeventig de interesse in de popmuziek. Tot het moment dat de punk ook tot Aberdeen doordrong.

Geïnspireerd door de lokale punkgroep The Melvins begon Cobain in de vroege jaren tachtig een bandje met bassist Chris Novoselic. Eerst onder de naam Skid Row, later als Nirvana – een ironische naam, en een sneer naar het hippie-tijdperk.

Voordat Nirvana zijn uiteindelijke vorm vond, in 1990 met de komst van Dave Grohl, versleet de groep een handvol drummers, terwijl ze voorzichtig zocht naar een eigen stijl. De muziek in die beginperiode moet een mengsel zijn geweest van Black Sabbath en Black Flag: heavy gitaar-*riffs* en veel agressieve energie, twee elementen die de Nirvana-*sound* ook nu nog kenmerken.

Met wisselend succes speelde de jonge band in de omgeving van Aberdeen, en uiteindelijk, in 1987, ook in Seattle, een optreden dat de band zich lacherig herinnert als 'een kleine ramp'. *Niemand* kwam. De groep speelde voor een nagenoeg lege zaal, het publiek bestond uit de geluidsman en de eigenaars van het onafhankelijke platenmaatschappijtje Subpop, Jonathan Poneman en Bruce Pavitt.

Poneman en Pavitt waren Subpop een jaar eerder begonnen, met het idee de bloeiende lokale muziek*scene* op de plaat vast te leggen: bands als Mudhoney, Green River, Soundgarden en Mother Love Bone. De platen op Subpop verschenen in een kleine oplage. Het label werkte met een minimaal budget, waarbij de kosten van de opnames en het persen van de platen werden betaald uit de opbrengst van een vorige uitgave. Zo werden er van de eerste Nirvana-single, *Love buzz* (een cover van de Nederlandse *sixties*-groep Shocking Blue), slechts duizend exemplaren geperst.

Daarna volgde het eerste album *Bleach*, opgenomen in drie dagen, voor een luttel bedrag van zeshonderd dollar. Het zou een jaar duren voordat *Bleach* kon worden uitgebracht: de tijd die Subpop nodig had om het benodigde geld bij elkaar te krijgen. Erg frustrerend voor de groep, die in die tijd op zoek was gegaan naar een label met betere distributie-kanalen. Na elk optreden kreeg de band dezelfde klacht te horen: hun platen waren nergens te vinden.

Subpop had lange tijd onderhandeld met de multinational Sony over een distributie-overeenkomst, maar toen dat uiteindelijk afketste, besloot Nirvana zelf op zoek te gaan naar een grote maatschappij. 'Om ervan verzekerd te zijn, dat je onze platen ook kon kopen in kleine plaatsjes als Aberdeen', zoals Kurt Cobain later zei.

Van alle maatschappijen die werden benaderd, was het Geffen, het label dat ook Guns N' Roses onder contract had, dat de meeste interesse toonde. De grote platenmaatschappijen waren in de loop van de jaren tachtig voorzichtig begonnen om veelbelovende groepen weg te kopen bij kleine maatschappijtjes. Zo langzamerhand was wel duidelijk geworden dat er geld viel te verdienen met de alternatieve Amerikaanse muziek: een poel van talent, waaruit inmiddels R.E.M., Jane's Addiction en The Red Hot Chili Peppers omhoog waren gekomen.

In dat klimaat verscheen het tweede Nirvana-album *Nevermind*. Vanaf de dag dat het album uitgebracht werd, bleek het veel beter te verkopen dan was verwacht. De eerste persing bedroeg vijftigduizend exemplaren, een heel redelijk aantal voor een band met de status van Nirvana. Maar in drie weken verkocht de plaat het viervoudige. Nog een maand later waren er al meer dan een miljoen exemplaren verkocht. Binnen de kortste keren was er sprake van een ware Nirvana-koorts. Toen vervolgens nòg een groep uit dezelfde omgeving – Pearl Jam – de hitlijsten beklom, brak er een regelrechte goudkoorts uit. Seattle werd het Liverpool van de jaren negentig. Talrijke platenmaatschappijen stuurden hun *scouts* naar het nieuwe popcentrum, op zoek naar onontdekt talent.

Subpop, het maatschappijtje waar Nirvana was begonnen, was op slag van alle financiële problemen verlost. Het contract waarmee de groep was afgekocht, bevatte een clausule, dat het label een percentage zou ontvangen vanaf het (onwaarschijnlijke) moment dat *Nevermind* de grens van tweehonderdduizend verkochte exemplaren zou passeren.

Het geld stroomde binnen. Vervolgens ontving het label voor het eerst in zijn geschiedenis een gouden plaat, toen het heruitgebrachte eerste Nirvana-album *Bleach* ook een hit werd.

Pop-professoren bogen zich inmiddels over de vraag, hoe het immense succes van Nirvana te verklaren. Het was, zo meenden hun ontdekkers bij Subpop, altijd al een band geweest met een bijzonder charisma. Live waren ze vanaf het eerste begin een hit, zei Bruce Pavitt later: zo'n groep die ook publiek trok dat verder nooit naar 'alternatieve' bandjes ging kijken.

Nevermind was eenvoudigweg een erg goed album. Nirvana had de rauwheid van de Amerikaanse gitaar-underground weten te vertalen in een reeks sterke, maar ook toegankelijke songs. Het was een plaat die het alternatieve poppubliek aansprak, die het goed deed op de radio, en bovendien stevig genoeg was om in de smaak te vallen bij het heavy metal-publiek, voor wie Guns N' Roses de maat der dingen was.

En Kurt Cobain ten slotte, was een ideaal sekssymbool: met zijn ongekamde, peroxide-blonde strohaar was hij een echte jaren negentig rock & roll-held. Jong, stuurs, eigenwijs, niet te glad – kortom een pop-pin-up in de traditie die loopt van James Dean en Elvis tot Mick Jagger en Michael Stipe.

De sound van Seattle was inmiddels grunge gedoopt. Een predikaat dat zowel sloeg op de muziek (heavy, ongepolijst) als op het uiterlijk van muzikanten en publiek, het 'langharig, werkschuw tuig' van de jaren negentig. Grunge ging zelfs niet voorbij aan de modewereld, die zich voor de 1992-collecties liet inspireren op de 'onverzorgde' grunge-look.

Nirvana zelf leek inmiddels te bezwijken onder het gewicht van de onafgebroken aandacht van de wereldpers. Bij gebrek aan nieuwe muziek en werkelijk nieuws, verschenen er steeds meer roddelverhalen, vage geruchten, waarvan onduidelijk was hoeveel er waar was en hoeveel uit de duim gezogen. Kurt Cobain zou aan de heroïne zijn geraakt, de groep zou op het punt staan uit elkaar te gaan, et cetera.

Veel commotie veroorzaakte het blad *Vanity fair*, dat in augustus 1992 een omslagverhaal wijdde aan zangeres Courtney Love, met wie Kurt Cobain in februari 1992 in het geheim was getrouwd. *Vanity fair* schilderde het jonge stel af als een moderne Sid & Nancy – het punk-echtpaar dat te gronde ging in een huwelijk van heroïne en geweld. Het artikel (waarin werd gesuggereerd dat Courtney Love ook tijdens haar zwangerschap heroïne gebruikte) veroorzaakte een wereldwijde golf van verontwaardiging, die nauwelijks bedaarde, zelfs niet toen Love diezelfde maand een kerngezonde dochter ter wereld bracht: Frances Bean. Cobain en Love vormden de inzet van een verhitte discussie over 'onverantwoordelijk ouderschap', waarin Axl Rose van Guns N' Roses het echtpaar publiekelijk veroordeelde.

Evenveel aandacht kregen de eerste berichten over het vorderen van het nieuwe Nirvana-album. Platenmaatschappij Geffen zou allesbehalve blij zijn met de resultaten: een welbewuste poging tot 'commerciële zelfmoord'.

Zoiets was niet ondenkbaar. Nirvana was er tegendraads genoeg voor. En had Geffen niet ooit Neil Young (inmiddels tot 'godfather van de grunge' gedoopt) voor de rechter gesleept, omdat hij zogenaamd niet voldeed aan zijn contractuele verplichtingen, door te weigeren 'echte Neil Young-muziek' te maken?

Dat Steve Albini de plaat zou produceren beloofde evenmin veel goeds. Albini's militante opvattingen over produktie (vuilnisbakken-*sound* en een smerig, de pijngrens overschrijdend gitaargeluid) zou de plaat ongetwijfeld in de richting duwen van de *noise* en *trash*, waarmee hij bekend was geworden.

In de zomer van 1993 begon platenmaatschappij Geffen een peperdure reclamecampagne, waarbij de wereldpers naar Seattle werd gevlogen om Nirvana te interviewen. Een plan dat niet helemaal naar wens verliep, omdat de groep het laatste deel van de marathon afzegde. Dat de bandleden akkoord waren gegaan met zo'n hectisch interview-schema, had er alles mee te maken dat ze wel inzagen dat praten met de pers op dat moment wèrkelijk belangrijk was. Al was het maar om hun eigen versie van alle roddel en achterklap te kunnen geven.

Kurt Cobain liet weten toch niet zo gelukkig te zijn met Steve Albini's produktie van *In utero*. R.E.M.-producer Scott Litt werd te hulp geroepen voor het remixen van enkele nummers, terwijl de groep zelf ook nog sleutelde aan de sound. Het is moeilijk na te gaan hoeveel er is veranderd aan de uiteindelijke versie van *In utero*. Maar de plaat, zoals die deze week in de winkels komt te liggen, is erg goed. Toegegeven, het is geen *Nevermind* deel 2. En het is niet moeilijk zich voor te stellen hoe de A&R-manager van Geffen even moest slikken toen hij songs als *I hate myself and I want to die* voor het eerst hoorde. Want al staan er zeker een paar toegankelijke nummers op (zoals de eerste single *Heart shaped box*), *In utero* is vooral fel en agressief, met teksten waar het cynisme van afdruipt.

Cobain worstelt met zichzelf, met het succes, en met de wereld om hem heen, die zo onbeschaamd bezit heeft genomen van zijn privéleven. In het bijtende *Scentless apprentice*, een *Helter skelter* à la Nirvana, schreeuwt hij het uit: '*Go away, get away, get away.*' In *Dumb* ('*I'm not like them, but I can pretend*') en *Radio friendly unit shifter* neemt hij de muziekindustrie op de korrel, terwijl *Tourrets* (genoemd naar een psychische ziekte, waarbij de patiënt geen controle heeft over wat hij zegt) een excuus is voor het afratelen van schuttingwoorden: '*fuck, shit, piss.*'

Maar de twee openingsregels van het eerste nummer *Serve the servants* vormen eigenlijk al de sleutel tot het album – Kurt Cobains commentaar op twee jaar waanzin: '*Teenage angst has paid of well, now I'm old and bored.*'

(1993)

Ivo Watts – 4AD

Een kille zaterdag in juni 1991. Zo'n vijftienduizend bezoekers hebben zich verzameld in The Crystal Palace Bowl, een groot park in de buitenwijken van Londen, waar The Pixies die avond spelen. Het concert is uitgegroeid tot een klein festival, want voorafgaand aan het optreden van de Amerikaanse groep spelen een hele reeks nieuwe Engelse bands, zoals The Milltown Brothers en Ride.

Wanneer de hoofdact in de avondschemer het podium opkomt, daalt een miezerige motregen op de hoofden van de toeschouwers neer. Niemand lijkt zich er aan te storen. De lange rijen voor de kraampjes *fish and chips* zijn opeens in het niets opgelost: iedereen wil een glimp opvangen van de band. Een enkeling neemt zelfs een duik in het meertje dat toeschouwers en groep van elkaar scheidt, om nog iets dichter bij het podium te komen.

Het jonge publiek is bijna zonder uitzondering gekleed in de rafelige hippie-punk-look van deze zomer, die later *crusty* genoemd zal worden: hoge Dr. Martens-laarzen, slobber-T-shirts en lang haar. Net als Manchester heeft ook Londen zijn eigen pophelden – Carter The Unstoppable Sex Machine, Ned's Atomic Dustbin, Lush – al heeft de stad ook altijd een zwak gehad voor die rare cult-groep uit Amerika, The Pixies.

The Pixies zijn in Engeland altijd populairder geweest dan in hun eigen land. De groep werd dan ook ontdekt door een Engelse platenmaatschappij: 4AD, een klein, onafhankelijk label, dat zich in de ruim tien jaar van zijn bestaan een heel eigen plaats heeft verworven in de popwereld.

4AD is het label van Ivo Watts Russell, een zesendertigjarige Londenaar, wiens eigenzinnige opvattingen en fijne neus voor muziek de Engelse pop hebben verrijkt met een groot aantal exotische kleuren. 4AD was het label dat de eerste platen uitbracht van Bauhaus, The Birthday Party, Matt Johnson (later

The The) en het Nederlandse Clan of Xymox, maar het werd vooral bekend door de etherische folk-pop van The Cocteau Twins en Dead Can Dance, de Bulgaarse vrouwenkoren (Voix Bulgares) en de Amerikaanse surf-pop van The Pixies.

Ivo is een typisch voorbeeld van de man achter de schermen: hij schuwt de publiciteit, laat zich slechts zelden fotograferen, en geeft weinig of geen interviews. Wat verloren staat hij na het Pixies-concert achter het podium: een lange man met kort, grijzend haar en een wijkende haarlijn. Hij begroet me vriendelijk en stelt voor om elkaar morgen in een wat rustiger omgeving te ontmoeten. Dan is hij weer verdwenen.

'Ik heb nooit van die grote evenementen gehouden', is zijn commentaar de volgende dag: 'Ik voel me ongemakkelijk als er zoveel mensen bij betrokken zijn.'

Het is ook niet toevallig dat 4AD, ondanks een reeks eclatante successen, altijd een klein label is gebleven dat jaarlijks een select aantal platen uitbrengt. Ivo: 'Het is logisch om te verwachten dat 4AD steeds groter zou worden. Neem Mute, dat is in dezelfde tijd begonnen en daar werken nu zo'n vijftig of zestig mensen. Maar zelf vind ik het al moeilijk genoeg om werkgever te zijn voor een half dozijn mensen.'

Kleinschaligheid is uitzonderlijk in een popwereld waar alles lijkt te draaien om expansie en financiële groei, maar 4AD is ook een bijzonder label, dat zowel wat betreft karakter als kleur alles in zich draagt van de punk-ethiek van *Do it yourself*. Niet toevallig was het een van de vele labels die ontstonden tijdens de punk-explosie van de late jaren zeventig.

Ivo werkte in die tijd voor de onafhankelijke platenmaatschappij Beggar's Banquet. Eerst in een van de platenzaken, later als een soort *general manager* van vijf of zes winkels: 'Daar zag ik hoe de onafhankelijke distributie begon te groeien: allerlei muzikanten en bands die een plaat opnamen en die vervolgens ook zelf lieten persen. Het was een opwindende tijd, er werd veel goede muziek gemaakt.'

Hij besloot een eigen label te beginnen, dat kon opereren onder de vleugels van Beggar's Banquet. De eerste vier singles van het nieuwe maatschappijtje verschenen op 2 januari 1980: 'Bij Beggar's Banquet was ik in de positie dat ik veel nieuwe muziek hoorde: huiskameropnames, demotapes, in eigen beheer gemaakte platen. Het was eigenlijk heel simpel: ik was op de juiste plaats op de juiste tijd.'

Er was nog nauwelijks het besef dat je met een eigen bedrijfje veel meer kon bereiken dan het verkopen van een paar platen, maar Ivo zette 4AD ook vooral op uit nieuwsgierigheid: 'Ik wilde iets meer te weten komen over de mechanismen van de muziekwereld. Muziek was altijd mijn passie geweest, een heel belangrijke drijfveer en stimulans. Met 4AD heb ik geprobeerd om muziek beschikbaar te maken die op het publiek eenzelfde uitwerking zou kunnen hebben. En ik heb geluk gehad. Het is puur een kwestie van geluk dat het label het daarmee heeft gered.'

Een van de 'ontdekkingen' van Ivo waren de Bulgaarse vrouwenkoren: muziek die al jarenlang in selecte kring bekend was, maar die vanaf het moment dat ze op 4AD werd uitgebracht, ook het poppubliek bereikte.

Ivo relativeert zijn rol door te stellen dat hij weinig meer heeft gedaan dan de muziek beschikbaar maken: 'Het is een traditie die al zó oud is. Ik was ervan overtuigd – omdat de muziek zo sterk is – dat het wel *moest* overkomen.'

Vrouwenstemmen hebben altijd een belangrijke rol gespeeld in de 4AD-geschiedenis, zowel in de muziek van de Voix Bulgares, als bij de The Cocteau Twins, This Mortal Coil, Dead Can Dance, Throwing Muses en de nieuwste aanwinst van het label, de Londense groep Lush. Toch houdt Ivo volgens eigen zeggen zeker niet alleen van vrouwenstemmen: 'De stem van Tim Buckley ontroert me als bijna geen ander. Het is een stem die me het gevoel geeft dat ik vlieg. De meeste groepen met zangers hebben weliswaar veel gevoel voor melodie en harmonie, maar het gaat ze nauwelijks om de stem zelf. Dat geldt ook voor het gros van de nieuwe Engelse bands. Vrouwenstemmen zijn eerder in staat de haren in mijn nek recht overeind te zetten.'

Dat is ook het enige criterium dat hij hanteert bij het bepalen van wat hij uitbrengt op zijn label, want een neus voor wat commercieel is heeft hij niet: 'Als ik welbewust zou proberen iets te maken dat succes had, dan zou het een regelrechte flop worden. Ik heb dat talent niet, ben ook stomverbaasd over wat wel en wat niet wordt gedraaid op de radio. Daar begrijp ik niets van. Dus alles wat ik kan doen is te volgen wat ik begrijp: datgene (wijst op zijn hart) wat mij vanbinnen treft. Zo simpel ligt het.'

Ook het grootste platensucces van 4AD, de dans-single *Pump up the volume* (1987) van MARSS, was eerder een toevalstreffer dan een commerciële zet. 4AD kreeg veel brieven met het verwijt dat het label uitverkoop had gehouden, maar de plaat ontstond volgens Ivo juist op een heel traditionele 4AD-manier: 'Het was gewoon het volgende stuk muziek dat Martyn Young van Colourbox maakte. *Pump up the volume* vatte samen wat in de clubs gebeurde: het mixen en samplen van verschillende platen. Dat was nog nauwelijks op die manier op de plaat gezet. Martyn maakt overigens niet zo veel muziek, en er kwam nooit een opvolger. Jammer, want hij had het succes kunnen genieten dat anderen nu kregen.'

Een andere platenmaatschappij zou vermoedelijk razendsnel naar een mogelijkheid hebben gezocht om het succes (het was de eerste Engelse nummer 1-hit van 4AD) voort te zetten. Maar toen duidelijk werd dat MARSS niet met een opvolger van de wereldhit zou komen, liet ook Ivo verstek gaan: 'Het zou er op geleken hebben dat we meededen met de nieuwe trend, al waren we daar zelf in het begin bij betrokken geweest.'

Ook deed hij weinig moeite om MARSS ertoe aan te zetten een opvolger te produceren: 'Voordeel trekken uit iets wat gebeurt met een label om zo het maximale succes te behalen, terwijl dat mogelijk ingaat tegen de directe behoeften of het temperament van de artiest... ik heb nog steeds niet geleerd hoe dat moet. Ik ben er niet goed in om anderen ervan te overtuigen dat ze iets *moeten*. Daarom heeft iedereen alle ruimte om de eigen carrière te ruïneren, of om die zelf in de hand te houden.'

Als voorbeeld noemt hij Dead Can Dance, een groep die met haar semi-Middeleeuwse volksmuziek een heel eigen plaats heeft verworven in de popwereld: 'Wat Brendan & Lisa doen is heel bijzonder. Ze wonen in een huis in Zuid-Ierland, waar ze muziekmaken in hun eigen studio. Ze verkopen over de hele wereld veel platen, maar de produktie ervan is goedkoop, omdat ze alles thuis opnemen. Het is een prachtig voorbeeld van *visie*. Hoe meer platen ze verkopen, hoe onafhankelijker ze zijn. Ze doen wat ze willen doen en ze werken met mij, omdat ze weten dat ik ze help en alle vrijheid geef. Ik wou dat er meer groepen waren zoals zij.'

Het eigen gezicht van 4AD wordt niet alleen bepaald door de

exotische kleur van de muziek die op het label verschijnt, maar ook door de hoezen van de hand van de 'huis-ontwerper' van het label, 23 Envelope: Vaughan Oliver en fotograaf Nigel Grierson.

De moderne, vaak abstracte ontwerpen geven eenheid aan de catalogus van het label, te meer daar de gezichten van de muzikanten zelden te zien zijn op de hoes. Een van de gevolgen van die aanpak is wel dat het 4AD-image altijd relatief veel aandacht kreeg, terwijl de muzikanten op de achtergrond bleven. Volgens Ivo is dat nooit een vooropgezet plan of een strategie van het label geweest, maar louter het gevolg van de werkwijze van de ontwerpers: 'En de artiesten hebben zich daar tot nu toe altijd in kunnen vinden, ik zou er nooit een probleem van hebben gemaakt als een groep een eigen foto op de hoes had gewild.'

Zelf is hij zeer tevreden met de manier waarop het label zich heeft gepresenteerd: 'Het heeft het publiek er bewust van gemaakt dat je kunt experimenteren, creatief kunt zijn, ook met de platenhoezen.'

Experiment: het woord loopt als een rode draad door het gesprek, zoals wanneer hij vertelt over zijn eigen project This Mortal Coil, of over de jaren zestig waarin hij opgroeide.

Ivo was twaalf jaar toen hij Jimi Hendrix voor het eerst zag, in 1967, in het tv-programma *Top of the Pops*: 'Hij zong *Hey Joe*, zijn eerste single. Ik was me al een tijdje bewust van muziek, The Beatles, Stones, het was gewoon overal om je heen. Maar Hendrix drukte iets uit waarvan ik niet wist dat het mogelijk was.'

De drang om te experimenteren, en het gevoel van vrijheid dat dat geeft, is hem nog het meest bijgebleven van die tijd. Daarom heeft hij gemengde gevoelens over de manier waarop nu wordt teruggekeken op de jaren zestig: 'Teveel mensen staren zich dood op de feiten, op wat er gebeurde. Het lijkt erop dat ze een referentiekader nodig hebben. Maar het enige wat je hoeft te doen is naar *binnen* kijken. De goede muziek van nu baseert zich niet op de vormen van de *sixties*, hoogstens op dezelfde instincten, en het gevoel voor experiment.

Ik hou van het idee dat alles kan gebeuren, dat er geen beperkingen zijn. In de *sixties* werd de houding van de jeugd, de drugs, de politiek samengeperst in het gevoel dat alles mogelijk was. Zo probeer ik ook 4AD richting te geven.'

Een van de nadelen van het succes van 4AD is het feit dat Ivo zich ook met de zakelijke kant van de muziekindustrie moest gaan bemoeien: 'En erg zakelijk ben ik niet, hoogstens voorzichtig. Ik heb ook geen idee hoe dit alles zo gegroeid is. Onderhandelen met anderen gaat me niet makkelijk af. Daarom hoop ik in de toekomst weer meer A&R-werk te kunnen doen: luisteren naar nieuwe muziek, talent ontdekken. Ik hoop binnenkort ook weer te werken met een jonge, nieuwe groep. Een groep die net zoveel betekent voor de jaren negentig als The Cocteau Twins voor de jaren tachtig. Ik wil altijd weer die opwinding voelen van iets nieuws, iets fris.' Ivo ziet veel overeenkomsten met de tijd dat hij 4AD begon: 'Er zijn mensen die de passie en de energie hebben om hun neus te volgen en avontuurlijke muziek te maken. Zelfs al kun je nu al weten dat de meesten het over een jaar of twee weer verloren zullen hebben, en alleen nog maar geïnteresseerd zijn in geld, *the American dollar.*'

Het belangrijkste verschil met tien jaar geleden ziet hij in de economische situatie in Engeland, die sindsdien beduidend slechter is geworden: 'Het is nu veel moeilijker om zelf een label te beginnen. De meeste bands doen een paar optredens in Londen en nodigen dan alle maatschappijen uit. Iedereen wil zo snel mogelijk een platencontract. Dat is zonde, want de geschiedenis heeft keer op keer uitgewezen dat er iets verandert op het moment dat een band een platencontract tekent.

Meestal investeren ze meteen zoveel geld dat ze diep in de schuld staan bij de maatschappij, waarna de pressie van het label zo groot wordt dat de muziek op een of andere manier begint te veranderen. Er zijn maar weinig bands die daaraan ontkomen.'

Toch is hij enthousiast over de nieuwe energie die de jonge bands de Engelse pop*scene* gegeven hebben: 'Het is weer een heel opwindende tijd, sinds de komst van de dansmuziek. Het clubpubliek is zo groot geworden dat de muziek uit de clubs ook in de hitlijsten komt – zelfs al wordt die niet op de radio gedraaid. Dit is een van de opwindendste periodes in de popgeschiedenis sinds de late jaren zestig – voordat de muziek ontaardde in pompeuze bombast.

'Het is een goede tijd om weer jong te zijn, en voor het eerst helemaal gegrepen te worden door een plaat.'

(1991)

Brian Eno

Cultuur is alles wat je niet hoeft te doen: een stelling die om uitleg vraagt. En uitleg kan Brian Eno geven. In een half uur durend cultuurfilosofisch betoog dat zich in cirkels en spiralen lijkt te bewegen en via mode en stijl, *nouvelle cuisine*, Yves Saint Laurent, de Amerikaanse communistenjacht in de jaren vijftig, het verschil tussen het kapsel van Eno en dat van ondergetekende, de monetaire crisis en nog een hele reeks andere onderwerpen, uiteindelijk terechtkomt bij de schijnbare tegenstelling tussen popcultuur en serieuze kunst. Een tegenstelling, vindt Eno, die nodig opgeheven moet worden.

Vijftig minuten zou het interview duren. Het loopt uiteindelijk uit tot ruim twee uur, waarna hij zich glimlachend verontschuldigt: '*I like to talk.*'

Al bij onze kennismaking heeft hij om een kopie van de interview-tape gevraagd: 'Soms wanneer je iets uitlegt, zeg je het veel duidelijker dan je het ooit gedacht hebt. Ik ben een beter spreker dan schrijver.'

Brian Eno (44) – een keurige, Engelse heer van middelbare leeftijd, die me hoffelijk in zijn hotelkamer ontvangt met thee en cake – is niet alleen een geweldige prater, maar ook een van de belangrijkste figuren uit de popgeschiedenis. Zijn invloed reikt tot in de verste uithoeken van het popuniversum, van de zweverige *ambient house* van The Orb tot de jaren negentig-rock & roll van U2. Als muzikant, producer, remixer, videomaker, theoreticus, estheticus en filosoof heeft Eno een onuitwisbaar stempel gedrukt op de pophistorie van de afgelopen twintig jaar. Hij maakte naam met de groep Roxy Music, ontpopte zich vervolgens als een van de pioniers van de elektronische avant-garde, terwijl hij als producer een sleutelrol vervulde in de muzikale carrière van zowel David Bowie als Talking Heads en U2. Zijn muzikale oeuvre is immens, maar daarnaast bestookt hij de popwereld regelmatig met ideeën, theorieën en filosofieën, gepresenteerd in manifesten en vlugschriften, of zelfs in de vorm van lezingen.

Een interview met Eno heeft het meest weg van een privécollege. Zijn toon is vriendelijk docerend, hij kiest zijn woorden zorgvuldig, terwijl hij zijn ideeën verduidelijkt aan de hand van tekeningen en multidimensionale diagrammen – met potlood geschetst op een envelop van het hotel.

Hij is in Nederland voor een kort promotiebezoek: deze maand verscheen *Nerve Net*, zijn eerste solo-album in zeven jaar. De combinatie van de traditionele rockbezetting en de voor Eno zo typerende bizarre instrumentenreeks (ditmaal ondermeer Alibass, frogs, tenor sax en morse keys) geven het album ondanks zijn glasheldere, ultra-moderne produktie een vertrouwde sfeer. En zoals zo vaak bij Eno is hij de critici een stap voor: op de binnenhoes staan alvast een serie typeringen van de muziek: *like paella, a self contradictory mess, off balance, technically naive, far too vague, uncentred, clearly the work of a mind in distress, where-am-I music.*

Pas werd hij in New York op straat aangesproken door iemand die hem feliciteerde met de plaat, al vond hij het jammer dat de maker er zelf zo ontevreden over was. '*Very funny,*' grinnikt Eno. 'Hij dacht dat ik me min of meer verontschuldigde: *sorry, this record is a mess.*'

Het was niet bedoeld als verontschuldiging, al vindt hij dat de muziek de betiteling *a mess* (een puinhoop) wel verdient: 'Er zijn veel elementen die wrijven. Op de een of andere manier heb ik dat ook niet tegengehouden, liet het zoals het was. Geluidstechnisch is de muziek een grotere wanorde dan alles wat ik tot nu toe heb gedaan. Sommige instrumenten zijn heel *onbeleefd* in de balans. Dan komt iets plotseling heel luid naar voren, harder dan het strikt genomen zou moeten. In het verleden zou ik zulke nummers opnieuw gemixt hebben, *a bit more sensible*. Maar ditmaal dacht ik: zo is het goed. Ik vind 't zelfs wel mooi, zo onhandig. *Clumsy.*'

Je zou je kunnen voorstellen dat een overactieve ratio als de zijne een remmende factor is bij het muziekmaken, maar volgens Eno geldt eerder het omgekeerde: 'Mijn gevoel raakt juist geblokkeerd als ik *niet genoeg* denk. Creatieve blokkades zijn meestal het gevolg van een gewicht dat je met je meedraagt, een gewicht van niet-uitgewerkte gedachten.'

Rationeel kan hij zijn muzikale keuzes overigens niet goed verdedigen, vindt hij: 'Ze berusten uitsluitend op gevoel: dit is opwindend, dat klinkt goed. Op een gegeven moment sta ik er dan bij stil en vraag me af: *wat doe ik hier eigenlijk*, waarom vind ik dit beter klinken dan dat? Maar dat is pas achteraf.

Denken is trouwens niet alleen belangrijk bij beslissen wat je *doet*, maar ook bij wat je *niet* doet. *Letting go*. Soms moet je dingen loslaten die waardevol zijn. Zo moest ik bijvoorbeeld het idee van me afzetten dat ik een rock & roll-podiumster was. Dat paste gewoon niet bij me. Zoiets opgeven was betrekkelijk eenvoudig voor me, al was het voor anderen minder makkelijk te accepteren. In de muziek*business* word je altijd aangespoord om een succesvol idee voort te zetten.'

Belangrijker misschien nog dan zijn eigen plaatproduktie is het werk dat Eno samen met anderen maakte. Zoals *My life in the bush of ghosts* (met David Byrne) of het grote aantal popklassiekers waarvan hij de producer was. Om zelf favorieten te noemen valt hem niet mee: 'Het zijn er zo veel... *Unforgettable fire* was een fantastische plaat. Het bewaarde al het goede van U2, maar opende ook een nieuw muzikaal landschap: dat is voor mij een van die platen die goed blijven klinken. *Possible musics* met Jon Hassell is een andere favoriet, een sterke plaat en een goede combinatie van talenten.

Low van David Bowie was ook een hoogtepunt (gniffelt om de contradictie). Men denkt vaak dat ik het was die Bowie die richting induwde en de muziek veranderde, maar dat is niet helemaal waar. Bowie zelf had daaraan voorafgaand *Station to Station* gemaakt, een radicale en geweldige plaat. Dus hij was er klaar voor om iets als *Low* te doen. Dat moedigde ik ook aan.'

Stimuleren van nieuwe, andere ideeën, vindt hij een van zijn belangrijkste taken als producer: 'Ook omdat ik weet dat iedereen dat juist altijd afraadt, want de succesformule moet voortgezet worden. Ik denkt dat het voor een groep aangenaam is om iemand in de buurt te hebben die, op het moment dat ze niet weten welke kant ze opmoeten met een idee, zegt van: *"yeah, that's exciting, do some more of that."*'

Een van zijn succesvolste samenwerkingen van de laatste jaren is die met U2, waarvoor Eno niet alleen de laatste drie platen produceerde, maar ook het gigantische decor van de ZOO TV-wereldtournee ontwierp, en de op het podium vertoonde video's maakte: 'Het eerste wat we deden was proberen richting te geven aan de ideeën. Onszelf afvragen: tot wie richten we ons, wat willen we vertellen, wat proberen we te zeggen. Bij het laatste album bijvoorbeeld herkende ik al in een vroeg stadium een gevoel dat je zou kunnen omschrijven als *schurend, verward, problematisch, veelomvattend, post-industrieel*. Als je eenmaal zo'n raamwerk van ideeën hebt, is het makkelijker om beslissingen te nemen.'

Hoewel hij een hechte samenwerking met de groep heeft opgebouwd, noemt Eno zich als producer toch 'een buitenstaander': 'Je hebt nu eenmaal niet hetzelfde belang bij het eindresultaat als de muzikanten. Het is uiteindelijk *hun* plaat. Daarom zeg ik altijd: het maakt me niet uit als je uiteindelijk alles weggooit wat ik heb gedaan. Maar ik maak me altijd wel sterk voor bepaalde dingen. Muziek moet uitgesproken zijn. Ik vind: maakt het zo extreem mogelijk, zodat je kunt zeggen: *it's fucking brilliant* of *it's a piece of shit*.

Als je een uitgesproken mening hebt, je sterk maakt voor iets, dan dwing je anderen hetzelfde te doen. Zo krijg je krachtige statements. Niemand is gebaat bij een reactie van: *Oh, that's kind of nice.* "Wel aardig" is niet goed genoeg: *It's better to be strong and wrong.*'

Het is een riskante werkwijze, geeft hij toe: 'Een groep moet sterk in de schoenen staan, heel zelfverzekerd zijn, vertrouwen hebben in de eigen gevoelens. Het is een probleem als je werkt met mensen met een groot ego, als ze hun eigen standpunt blijven verdedigen. Werken met U2 is wat dat betreft ideaal. Ze hebben een heel goede onderlinge verstandhouding. Het eindresultaat is het belangrijkst, hoe dat ook tot stand komt. Ook voor mij is het geen enkel probleem als ik niets heb bijgedragen aan een idee. Want ik heb mezelf nu wel afgeschilderd als een heel actief producer, maar zo gaat het natuurlijk niet altijd. Soms komen ze met dingen waarvan ik alleen maar kan zeggen: *Geweldig. Daar zou ik nooit opgekomen zijn.* Daar heb ik niets aan toe te voegen.'

Het is moeilijk voor te stellen dat de zachtaardige gentleman tegenover me dezelfde persoon is die twintig jaar geleden – de tijd van *glamrock* en *glitter* – de tegenpool was van Brian Ferry in Roxy Music. Uitgedost in een oogverblindende outfit – make-up, oogschaduw, veren en boa's – was Eno de 'poseur achter de synthesizer', de persoon die zich *non-muzikant* noemde, en nog *trots* was op die betiteling ook.

'Een revolutionair idee in die tijd,' zegt hij nu. 'Er werd in de popwereld een heftige discussie gevoerd over de nieuwe technologie. De studio had in vier jaar een geweldige ontwikkeling doorgemaakt. In de jaren zestig was de viersporenrecorder nog de norm. *Sgt. Pepper* is daar bijvoorbeeld mee gemaakt. Maar in 1972 was zestien- of vierentwintigsporen standaard geworden. Dat bood ongekende nieuwe mogelijkheden.'

Ook was het de tijd van de eerste synthesizers: 'Een instrument dat relatief makkelijk te bedienen was. Je hoefde alleen maar op toetsen te drukken of aan knoppen te draaien. Daarmee lag het accent niet langer op technische vaardigheid, maar op de *keuzes* die je maakte.'

Eno mengde zich door zich *non-muzikant* te noemen in de discussie: 'De muzikanten die zichzelf beschouwden als virtuoos, noemden degenen die studio-technieken gebruikten oplichters: *oh, dat zijn alleen maar studio-foefjes*. Wat zij zelf deden op hun instrument, dat was *the real stuff*. Er werd nog een duidelijk onderscheid gemaakt tussen muzikanten en technici. Technici draaiden aan de knoppen, muzikanten behoorden tot een ander slag.' Grinnikt: 'Het type dat in de studio wachtte tot de inspiratie kwam.'

Niemand die dat nu nog gelooft, denkt hij: 'Zeker niet sinds de house en techno.'

Voor de jaren negentig-generatie is Eno een van de voorbeelden. Zeker voor een groep als The Orb, die zijn idee van *ambient music* verder doorvoerde. Eno's muzikale concept van muziek die vervloeit met de ruimte waarin die klinkt – ook wel oneerbiedig 'muzikaal behang' of 'intellectuele muzak' genoemd – is inmiddels een van de belangrijkste nieuwe stijlen in de popwereld van de jaren negentig, met hit-successen voor The Orb (in 1994 de afsluiter op het Pinkpop-festival), en een hele stroom nieuwe muziek van labels als Warp en Apollo, die voortbouwen op Eno's muzikale erfenis. De grootmeester zelf reageert laconiek op deze vreemde wending van het lot: '*I told you so.*'

Lacht: 'Dat is wat ik altijd denk: zie je wel dat ik gelijk had. The Orb heeft nu succes met iets wat platenmaatschappijen twaalf jaar geleden als onverkoopbaar beschouwden. Ze waren zelfs beledigd dat iemand met zoiets durfde aan te komen.'

Het succes van *ambient music* verbaast hem niet, zegt hij: 'Het is gedeeltelijk ook een reactie op de ultra-rechtse dansmuziek van dit moment. Muziek, waar ik – in z'n vroegste vorm – gedeeltelijk zelf verantwoordelijk voor ben geweest.'

Eno was een van de eersten die op zijn albums gebruik maakte van een drummachine: al op zijn eerste soloplaat uit 1973, *Here come the warm jets*: 'In die tijd was ik er heel enthousiast over. Die strikte, herhalende, voorspelbare ritmes. Hun vreemde, goedkope klank. Niemand nam ze in die tijd serieus, iedereen vroeg me altijd als ze de muziek hoorden: "oh, en ga je er nu *echte* drums op zetten?" Maar dat mechanische, emotieloze sprak me juist aan.'

Hij tekent een diagram dat illustreert hoe de rechtheid van de drummachine werd gecontrasteerd met grillige muzikale lijnen die hij daarboven plaatste: 'Die tegenstelling maakte het interessant. Kronkelende, organische patronen, die zich bewogen boven iets heel industrieels. Dat maakte het organische juist extra fragiel en kwetsbaar.

Toen de elektronische muziek zich verder ontwikkelde werd het steeds meer in datzelfde rechte raamwerk geplaatst. Soms vond ik dat ook nog mooi. Ik herinner me *I feel love* van Donna Summer: heel rechte muziek, maar daar boven zweefde haar prachtige, engelachtige stem.'

Maar vooral in de jaren tachtig werd de elektronische pop zo 'compleet en coherent' dat hij een steeds grotere weerzin begon te voelen, zegt hij nu: 'Het ontbreken van interne spanning, van een wrijvende tegenstelling van muzikale elementen, maakte dat ik er langzamerhand ziek van werd. Dus ik dacht: *bollocks to keyboards, piss off synthesizers, throw away my sequencer.*'

Lacht: 'Niet dat ik dat heb gedaan, maar ik wist wel dat ik zelf een andere richting op wilde.'

Al een jaar geleden zou er een soloplaat van hem verschenen zijn: *My squelchy life*. Maar door de overvolle agenda van platenmaatschappij Warner werd de release-datum verschoven naar begin 1992. Eno liet vervolgens echter weten dat het album niet meer zou verschijnen: hij was al bezig aan een nieuw project.

Geloofde hij soms niet meer in de plaat, was de onthutste reactie. Nee, had hij proberen uit te leggen, maar een plaat die bedoeld was voor het najaar wilde hij niet in februari laten verschijnen: 'Ik streef ernaar platen altijd zo snel mogelijk uit te brengen, zo gauw als ze klaar zijn, of liever nog eerder.'

Hij werkt dan ook met strakke *deadlines*: willekeurig geplaatste grenzen die een periode van gerichte creatieve activiteit afbakenen: 'Muziek staat voor mij in een directe relatie met het hier en nu. Als later blijkt dat platen langer meegaan, dan is dat alleen maar meegenomen, een bonus.

Voortdurend ben ik bezig om mezelf te *updaten*. Een plaat als *Music for airports* (zijn eerste *ambient*-plaat uit 1978) vind ik goed voor z'n tijd, maar nu zou ik iets heel anders maken. Mijn ideeën zijn veranderd. En er zijn sindsdien talloze vergelijkbare platen verschenen. Dat maakt een groot verschil. Voor mij geldt: je moet de eerste zijn, of anders de beste.

Als ik *Music for airports* nu opnieuw zou maken, dan zou ik ook die honderden platen in gedachte hebben die er min of meer op verder gingen. Mijn zelfvertrouwen is afhankelijk van de vraag waar een plaat valt op de schaal tussen eerst en best.'

Hij noemt *Low* van David Bowie als een goed voorbeeld: 'Dat was een baanbrekende plaat, ik vind het nog steeds een choquerend album. Als dat nu uitgebracht zou worden zou het nog steeds nieuw en fris klinken.'

Commercieel evenaarde *Low* overigens lang niet het succes van Bowie's voorgaande platen. De platenmaatschappij was ook nogal teleurgesteld, herinnert Eno zich. Op de vraag of men hem als de boosdoener zag, is het lachende antwoord: '*Well, I should think they did*. Maar dat maakt me niet uit. Als een platenmaatschappij jou de schuld geeft, vind ik dat eigenlijk een compliment. Nee, dat moet ik niet zeggen. Ik heb eigenlijk altijd best een goede relatie gehad met platenmaatschappijen. Ze beschouwen me min of meer als *a loveable eccentric*.

Tijdens de opnames van *Low* hebben we er ook geen moment bij stilgestaan wat er daarna zou gebeuren, of het ook een succes zou zijn. Ik ben naïef optimistisch als ik aan iets bezig ben. Ik denk altijd: iedereen vindt dit vast geweldig, het is *zo* goed, dit komt vast op de eerste plaats in de hitlijsten.'

Lacht: 'Niet dat dat ooit gebeurt.'

Toch vindt hij wel dat hij zichzelf succesvol zou mogen noemen, zelfs al is het dan, zoals hij zelf zegt, *in a funny way*: 'Ik denk dat ik er wel aan heb meegewerkt dat de *mainstream* wat breder is geworden. Die bevat nu ook elementen van wat vroeger als *te vreemd* zou worden bestempeld. Het is in elk geval prettig om iets te hebben kunnen bijdragen aan, wat ik zou willen noemen, de *verrijking* van de conversatie.'

(1992)

Op zoek naar de factor x

Popmuziek is een heel directe kunstvorm. Niet dat popmuzikanten (behalve precies de verkeerde) hun werk zo gauw kunst zullen noemen – kunst is saai, stoffig, grijs, opgeblazen, pretentieus, subsidie, symfonische rock, Sting als solo-artiest, en nog een heleboel andere vervelende dingen, die in elk geval niet grunge, punk, hip, funky, street, kortom *rock & roll* zijn.

Aan die directheid ontleent popmuziek haar kracht. Bám, dit is het. *Right here & right now*. Een popsong is elementair, simpel. Drie akkoorden (oké, vier) en een tekst vol opwinding, energie, verlangen, woede of passie. Haast banaal in zijn eenvoud – de reden dat serieuze muziekwetenschappers popmuziek nauwelijks interesseert: als ze een nummer op de klassieke wijze analyseren vinden ze weinig van waarde.

Maar het gaat ook helemaal niet om wat er op papier staat. Tenminste, volgens muzikanten als Keith Richards, die in zijn vorig jaar verschenen biografie stelt: 'Je kunt de noten wel opschrijven, maar dat geldt niet voor de *factor x*, die juist belangrijk is in rock & roll – het gevoel.

Muzikanten praten erover in vage termen als magie, '*it*' (zoals Peter Gabriel het noemde in een van zijn songs) of in Richards' woorden: de 'factor x'.

De onbekende factor, die precies het verschil uitmaakt tussen goed en niet goed, tussen bijzonder en gewoon. Die het moment bepaalt dat alles even op zijn plaats valt, de muzikant vleugels krijgt en de muziek tot leven komt.

Dat ene moment, daar draait het om, dat is wat een groep probeert te vangen bij het maken van een plaat. Niet dat dat zo makkelijk is, want een van de voornaamste eigenschappen van die factor x is zijn vluchtigheid en ongrijpbaarheid.

Muzikanten praten er weinig over, al was het maar omdat rationaliseren de beste manier is om het op de vlucht te jagen.

Soms lijkt het weinig meer dan een mythe, of een flauw excuus voor zwakke prestaties. ('*Het* gebeurde niet.')

Maar toch. In de veertigjarige geschiedenis van de popmuziek duikt het steeds op, een rode draad die dwars door geografische grenzen, stijlen en genres loopt, van Beatles, Stones en Hendrix tot punk, hardcore en de elektronische muziek van de jaren negentig.

Studiotechnicus en producer Glyn Johns beschreef in een interview met het muziekblad *Zig Zag* (1974) de werkwijze van The Stones: 'Je zit soms wekenlang te wachten, terwijl er alleen maar rotzooi uitkomt. *But when they dó get together, they're the best in the world.*'

Het lijkt een omslachtige manier van muziekmaken, om weken te moeten wachten tot *het* dan een keer gebeurt. Maar veel groepen blijken geen vastomlijnd plan te volgen, reageren intuïtief op het moment. Sfeer en toevalligheden, de *random factor*, zijn essentieel bij het creatieve proces, dat voor een belangrijk deel bestaat uit zoeken en improviseren: *jammen*.

In *Hendrix, setting the record straight* vertelt technicus Eddie Kramer hoe hij tijdens de opnames van het nummer *1983* (van *Electric Lady Land*) met Hendrix toevallig stuitte op het gekrijs van 'meeuwen', toen een koptelefoon over een microfoon werd gehangen, waardoor een hoge rondzingtoon klonk. Versterkt door een echo-effect werden de 'meeuwen' direct toegevoegd aan de geluidscollage.

Zo ontstaat een groot aantal ideeën ter plekke in de studio. Opvallend veel popzangers (Michael Stipe van R.E.M., Bono van U2, Kurt Cobain van Nirvana) produceren hun teksten op de studiovloer, terwijl de band al aan het spelen is.

Schoolmeesters vinden dat ongetwijfeld typerend voor de luiheid van de popmuzikant – altijd al het vervelendste jochie uit de klas dat nooit zijn huiswerk deed.

Maar er is nog een andere reden waarom veel popmuziek zo vrijblijvend tot stand komt. Omdat het de *beste* manier is.

Een sprekend voorbeeld is het album *4 track demo's* van de jonge Engelse zangeres P.J. Harvey: een plaat met ruwe schetsen (demo's, een afkorting van demonstratietapes) van de songs die eerder verschenen op haar album *Rid of me*.

Zo'n plaat is een zeldzaamheid. Dergelijke schetsen, thuis opgenomen op een viersporenrecorder, bereiken zelden of nooit het grote publiek. Wat bezielde de zangeres die opnames uit te brengen? Harvey: 'De oorspronkelijke demo's hadden het gevoel van een aantal songs beter gevangen dan de latere bandversies. Sfeer en gevoel zijn compleet anders.' Na *Rid of me* wilde Harvey ook de originele ideeën aan de wereld tonen: 'Ze klinken heel *naakt*, alleen gitaar en stem. Emotie. De groepsvertolkingen zijn minder persoonlijk, minder intens.'

Er was iets verdwenen, maar wat? In de tijdsspanne die loopt van de eerste schets tot de uiteindelijke plaatversie kan van alles misgaan. Een idee kan langzaam van vorm veranderen, of zelfs een compleet andere gedaante aannemen. De meeste bands *go with the flow* en laten het gebeuren. Maar soms lukt het helemaal niet iets van het oorspronkelijke gevoel terug te vinden.

'Het ene geïnspireerde moment is niet het andere,' zegt Urban Dance Squad-gitarist René van Barneveld: 'Dus je kunt wel heel braaf gaan ontrafelen wat er is gebeurd, en dat in een later stadium nog een keer spelen, maar de *magic* waardoor alles op een goed moment zo in elkaar past, die is vaak niet op dezelfde manier te herhalen.'

In de herhaling van een creatief moment zit een probleem, meent hij: 'Het totale resultaat is afhankelijk van een heleboel factoren, in welke ruimte het is opgenomen, de sfeer, de toevallige omstandigheid van de muzikant.'

Bruce Springsteen onderkende dat probleem bij het maken van zijn *Nebraska*-album uit 1982, nòg zo'n popplaat die in een viersporen demo-versie werd uitgebracht. Springsteen vond de songs uiteindelijk te persoonlijk om met zijn band op te nemen. Evenmin leek het hem mogelijk sfeer en gevoel nogmaals, onder professionelere omstandigheden, vast te leggen. *Nebraska* heeft in zijn ongepolijstheid iets weten te vangen wat verder zeldzaam is in het werk van de Amerikaanse zanger-gitarist.

Springsteen was een produkt van de muziekwereld van de jaren zeventig, een periode waarin het klankideaal steeds verder opschoof in de richting van gepolijste perfectie: een *glossy sound*, gecreëerd in kapitale studio's, waarvan de huur kon oplopen tot enkele duizenden guldens per dag. Het tot astronomische bedragen gestegen opnamebudget van een popalbum was niet de enige prijs die de muzikant moest betalen. Want het streven naar perfectie leverde in veel gevallen steriele muziek op, waarin elk gevoel was weggepoetst, totdat alleen een glanzende buitenkant overbleef.

Dave Zimmer beschrijft in zijn biografie *Crosby, Stills & Nash* de moeizame opnames voor het album *Déjà Vu*, waarvan alleen de opname van het titelnummer al meer dan honderd uur kostte.

Eindeloos werken aan een plaat werd bijna een traditie, zeker aan de Westcoast. Ook The Eagles (die de gitaarsolo in *Hotel California* noot voor noot construeerden) en Fleetwood Mac bleven onwaarschijnlijk lang sleutelen aan hun platen. Bekend recenter voorbeeld is de hard rock-groep Def Leppard, die in de Hilversumse Wisseloord-studio's enkele *jaren* werkten aan het album *Hysteria*.

Er kleven talloze nadelen aan het zo lang bezig zijn in een studio, los nog van de lijkbleke *studio-tan* die muzikanten oplopen. De meeste bands verliezen in de loop van zo'n langdurig proces elke band met hun muziek: de eerste inspiratie maakt plaats voor een fixatie op de kleinste details. De nummers worden 'doodgespeeld'. Muzikanten die dit hebben meegemaakt bekennen dat ze met de beste wil van de wereld niet meer kunnen luisteren naar hun eigen muziek.

Punk was een directe reactie op de muzikale excessen van de *seventies*-generatie, en keerde terug naar de oorspronkelijke uitgangspunten van de rock & roll: het direct vastleggen van een gevoel, zonder al die franje – en zonder je jarenlang te hoeven opsluiten in een studio. Zo was Nirvana-zanger-gitarist Kurt Cobain tijdens de opnames van *Nevermind* slechts met de grootste moeite over te halen om een nummer vaker te spelen dat de eerste '*take*'.

Direct en snel werken was voor het miljoenen platen verkopende Nirvana een vrijwillige beslissing, maar veel jonge bands hebben geen andere keuze. Ze beschikken meestal over een klein opnamebudget en moeten dus economisch omspringen met de studiotijd. Op zo'n moment zijn demo's handig. De groep kan met proefopnames de deugdelijkheid van het materiaal testen, zodat ze niet voor onaangename verrassingen in de studio komen te staan. In een eerder stadium worden demo's gebruikt om platenmaatschappijen te interesseren en een platencontract (en opnamebudget) te scoren.

Je zou zeggen dat een band die zich goed heeft voorbereid, in staat moet zijn om vlot en probleemloos te werken bij de 'echte' opnames. Het komt ook wel voor, zoals in het geval van Gutterball, de groep van zanger-gitarist Steve Wynn, die haar in 1993 verschenen album *Gutterball* in enkele dagen opnam. Maar bij minstens zo veel groepen werkt het niet.

Studio's zijn zelden de ideale plaats om een gevoel te registreren: de omgeving is te steriel, de band kan niet wennen, of mist de dampende live-sfeer. Sommige groepen slagen er zelfs nooit in de *power* van de live-band tijdens studio-opnames te benaderen.

Zangeres Heather Small van de Engelse groep M-People voelt zich 'doodsbang' in een studio: 'Opnemen kost al gauw een paar duizend gulden per dag, dus tijd is geld. Op het moment dat het rode licht gaat branden, draait m'n maag om. Dan besef ik: het is nu of nooit, deze opname is definitief, en hier moet ik voor altijd mee leven. Die pressie is ondraaglijk.'

M-People vond een oplossing: de groep kocht een digitale achtsporen DAT-recorder, waarmee alle zangpartijen thuis kunnen worden opgenomen. 'We werken nu alleen als de sfeer en de omstandigheden ideaal zijn, hoeven nooit meer iets te forceren,' zegt bandleider Mike Pickering. Hij noemt Harvey's *4 track demo's 'a good idea'*. 'Veel momenten zijn inderdaad niet te herhalen. Dat merk ik ook altijd als dj: je weet nooit van tevoren welke platen je gaat draaien, reageert toch altijd op het moment, de sfeer, het publiek in de zaal. Geen twee avonden zijn hetzelfde.'

Tom Thielman van het Berlijnse Sun Electric werkte jarenlang als studiotechnicus voordat hij zich met zijn groep op het muziekmaken stortte. Hij noemt het verhaal van P.J. Harvey '*very, very typical*'.

'Zoiets gebeurt ontzettend vaak. We noemen dat het *demo-effect*. Dan biedt een platenmaatschappij een contract aan naar aanleiding van de door de groep zelf gemaakte opnames. Het uiteindelijke resultaat, opgenomen in een professionele studio, blijkt dan weliswaar van betere geluidskwaliteit, maar er is ook iets verloren gegaan. En meestal precies datgene wat een nummer bijzonder maakte.'

'Platenmaatschappijen moeten natuurlijk weten waar ze hun geld in stoppen,' zegt Detroit-techno-producer Thomas Barnett. 'Daarom willen ze eerst een demo horen. Maar je kunt zo'n idee niet gebruiken als blauwdruk voor de echte opname. Dan steek je al je energie in de poging een gevoel van een ander moment te reproduceren.'

Het blijkt een wijdverbreide opvatting bij de originele house- en techno-muzikanten van Chicago en Detroit, die soms zelfs zo ver gaan dat ze, zoals Suburban Knights met *The art of stalking*, een thuis gemaakte cassette-opname liever op plaat zetten dat de latere, beter klinkende studioversie.

Ook Urban Dance Squad-drummer Michel Schoots, die ondermeer platen van Burma Shave en Claw Boys Claw produceerde, vindt demo's geen goed uitgangspunt voor plaatopnames: 'De eerste keer, gespeeld met de volle energie, is meestal ook de beste. Als een band bij me komt met een demo, laat ik zo'n nummer het liefst liggen, omdat het een heel zware kluif is om nog op het niveau van het origineel te komen – laat staan er wat aan toe te voegen.'

Soms stelt hij voor om een nummer helemaal om te gooien, het bijvoorbeeld zonder gitaar of zonder drums te spelen: 'Op zo'n moment wordt een groep dan weer creatief. Bij het naspelen van een demo herhalen ze zich alleen maar.'

Zo'n werkwijze doet nog het meest denken aan die van de *sixties*-generatie, Beatles, Stones en Hendrix. The Beatles maakten nooit demo's, maar werkten elk nummer vanaf het eerste idee uit in de Abbey Road-studio's. *The complete Beatles chronicle* (1992) van Mark Lewisohn geeft een gedetailleerd verslag van alle studiosessies die de groep in de jaren zestig deed. Zo vertelt het hoe de opnames voor *Lucy in the sky with diamonds* begonnen op woensdag 1 maart 1967, in een sessie van zeven uur 's avonds tot kwart over twee de volgende ochtend. De zevende *take* werd gebruikt als basis voor verdere opnames. Een dag later werden de opnames voltooid (in een sessie van 19.00 tot 3.30 uur). Op vrijdag 3 maart werkte de groep aan het titelnummer

Sgt. Pepper's lonely hearts club band, waarna de sessie werd besloten met vier nieuwe mixen van *Lucy in the sky*.

Het was in alle opzichten een snelle opname, al kostten de meeste Beatles-songs nauwelijks meer tijd: *Hey Jude* werd gemaakt in een week, vanaf het eerste prille idee tot de definitieve versie. Snel werken, een gevoel vangen voordat het veranderde in iets anders, was ook voor The Beatles *de* methode. Duurde het te lang voordat een idee naar tevredenheid werd vastgelegd, dan verloor de groep haar interesse.

Dat gebeurde bijvoorbeeld met *Not guilty* van George Harrison, opgenomen tijdens de sessies voor het witte album. Meer dan honderd 'takes' werden gemaakt van de basistracks (een record voor The Beatles), waarvan nummer negenennegentig uitgangspunt werd voor verder werken. Op 12 augustus 1968 werd het in een laatste sessie, van zeven uur 's avonds tot kwart over vier de volgende ochtend, voltooid. Maar het gevoel was verdwenen. *Not guilty* is een van de (weinige) Beatles-nummers die nooit op plaat verschenen, al werkte Harrison het idee tien jaar later uit op een solo-album.

'Een gevoel vangen voordat het verdwenen is, daar gaat het om,' zegt Thomas Fehlmann, co-producer van Sun Electric op het recent verschenen *Kitchen*-album: 'We hebben ontdekt dat je je snel kunt blindstaren op een idee. Daarom werken we nu zoveel mogelijk vanuit het oorspronkelijke gevoel, de eerste energie en creativiteit. Dat leggen we op zo'n manier vast, dat we het later ook op plaat kunnen zetten. Voor ons is de demo nu ook het voltooide produkt.'

'Het gaat om de momenten dat we zelf plezier hebben in de studio,' zegt Max Loderbauer van Sun Electric. 'Als we aan het *jammen* zijn met de speakers voluit. De beste delen uit die schetsen voegen we later samen. Dat is dan de plaat.'

Volgens Michel Schoots van Urban Dance Squad is een schets goud waard: 'Je kunt een schilderij, zoals de expressionisten dat deden, in één keer maken. Van de schilders die werken met voorstudies, vind ik de schetsen altijd beter dan het schilderij zoals het in een museum hangt.'

Urban Dance Squad wil alles ook niet te veel van tevoren uitstippelen, zegt hij: 'Een plaat is een momentopname. Een foto. Als het je lukt om met een groep te *jammen* in de studio, dan leg je iets bijzonders vast. Dat is waar we naar op zoek zijn: de eerste *togetherness*. De eerste emotie.'

Zo'n aanpak staat loodrecht op het bewerkelijke studioproces dat moet resulteren in gladgestreken perfectie. Een proces dat niet alleen engelengeduld vereist, maar dat die eerste flits van inspiratie uiteindelijk altijd murw slaat. Zoals studiotechnicus Ron Stone cynisch opmerkte over de opname van *Déjà Vu*: 'Fun in de studio was om eenzelfde regel 460 maal achter elkaar te moeten horen.'

(1993)

Malcolm McLaren – Paris

Hij is een vreemde outsider in de popwereld: Malcolm McLaren (48), roemrucht manager van The Sex Pistols. Sinds de tijd dat hij met 's werelds meest spraakmakende punkgroep de popindustrie op zijn kop zette, duikt hij steeds weer op met nieuwe ideeën en bijzondere projecten. Zo introduceerde hij het Newyorkse *breakdancing* bij het grote publiek (in de videoclip van *Buffalo gals*), flirtte hij met opera in de hitsingle *Madame Butterfly*, en maakte hij de wereld via het nummer *Deep in vogue* bekend met het Newyorkse *vogueing*: de gestileerde Newyorkse dansstijl, waarvan de bewegingen steeds lijken te bevriezen in poses als van een etalagepop.

Malcolm McLaren ('Ik ben geobsedeerd door alles wat nieuw is') is een vlot prater. Hoewel hij naam maakte als charlatan en manager en later als componist-producer, is hij bovenal popfilosoof, met uitgesproken ideeën en een scherp inzicht in de bewegingen en getijden van het popklimaat.

Zijn meest recente project is het album *Paris* (1994), een muzikale reis door de stad waaraan hij vanaf zijn jonge jaren zijn hart verpand heeft: 'Parijs heeft me altijd gefascineerd. Zo dichtbij, en toch met zo'n andere cultuur dan de Anglo-Amerikaanse. De eerste keer dat ik de stad bezocht kwam ik net van de middelbare school, ik was zestien.

Sindsdien ben ik er ontelbare malen teruggekeerd. Ik heb er een jaar gewoond na het uiteenvallen van The Sex Pistols in 1979, daarna een jaar in 1983, en ook het afgelopen jaar. Parijs is een vrouwelijke stad. Meer dan Londen of New York. Een stad die je doet dromen, dromen van het verleden.'

McLaren werd bij de opnamen voor *Paris* bijgestaan door drie grote Franse sterren: Catherine Deneuve, Françoise Hardy en Amina. Een wonderlijke combinatie, en minstens zo bijzonder als het feit dat de plaat verscheen op het Franse platenlabel Vogue. McLaren: 'De maatschappij was gevestigd in zo'n vervallen achteraf kantoortje, *a funky nothing place*. Vogue beschikt over een fraaie oude jazz-catalogus en paste helemaal bij mijn idee van Parijs: jazz, de vroege rock & roll, Johnny Halliday.

Het is lang niet overal bekend, maar de Franse cultuur heeft een belangrijke rol gespeeld in de ontwikkeling van de rock & roll. De Franse invloed lag niet zozeer in zoiets als de *sound* van de gitaar, maar in de slogans op de muren van Parijs. Dat gaat terug tot de dadaïsten en de naoorlogse generaties, het existentialisme. De angst voor, en het afzetten tegen de consumptiemaatschappij. En de bevrijding, die het idee gaf dat de enige zekerheid van het leven de dood is.

Die Parijse sfeer – zwart-wit, negatief, verveeld – sloeg over op de Engelse jeugd, die rondhing in kleine clubs en kelders. De Engelse beat-muziek combineerde dat gevoel met het donkerste deel van de Amerikaanse rock & roll: de blues. Dat maakte The Rolling Stones en al die andere Engelse bands zo verschillend van de Amerikaanse. De hele houding van rock & roll maken en er verveeld uitzien was radicaal anders dan die van de Amerikaanse popsterren met hun brede glimlach, glamour en goud. Het was een gevoel van de straat – donker, niet commercieel – dat de Engelse rock & roll inspireerde. De Engelse bands infecteerden op hun beurt Amerika, zodat popmuziek veranderde van liedjes over liefde onder een zilveren maan in iets politieks, Bob Dylan en de Westcoast-bands.

Engeland gaf de impuls, maar zou dat nooit op zo'n manier hebben kunnen doen zonder de Franse filosofische achtergrond. Zelfs The Beatles, de meest commerciële van al die nieuwe groepen, waren er door beïnvloed, zoals je kunt zien in die film *Backbeat* over Stuart Stucliff. Of neem de zwart-witfoto op de hoes van het tweede album, die was echt heel Frans, *nouvelle vague*, existentieel.

Dit is een deel van de popgeschiedenis waarover maar weinig is geschreven. De enige persoon die er melding van maakt is de Amerikaanse popjournalist Greil Marcus, die in zijn boek *Lipstick traces* de link legt tussen dada en punk. Marcus heeft het bij het rechte eind. Het Parijse situationisme maakte ook op mij veel indruk, in de tijd dat ik op de kunstacademie zat. Het draaide vooral om de verveling van het dagelijks leven, *un grand en-*

nui. Ik had een vriend aan de Sorbonne, die me in zijn brieven op de hoogte hield, toen het studentenverzet losbarstte. Het verzet tegen de gevestigde orde was heel opwindend: het idee dat je geen carrière hoefde te maken, maar dat het ging om het avontuur van het leven zelf.

Het was niet meer dan logisch, dat ik die ideeën verder doorvoerde. Ze hebben ook zeker hun sporen nagelaten in The Sex Pistols. In het existentialisme liggen de wortels van de punk. Titels als *Pretty vacant, No future*, het nihilisme, dat is allemaal Jean-Paul Sartre. Het is ook niet toevallig dat punk nergens zo veel navolging kreeg als juist in Parijs. De Sex Pistols-platen kwamen in Frankrijk uit op het Barclay-label. Voor de eerste gouden plaat die de groep kreeg hadden ze de deksel van een vuilnisvat laten vergulden, ha, ha.'

In zijn recent verschenen autobiografie ontkent Sex Pistols-zanger John Lydon (Johnny Rotten) ten stelligste dat er een link zou zijn tussen situationisme en punk. McLaren moet daar om lachen: 'Ik had niet anders verwacht dan dat hij zoiets zou zeggen, dat hij zo'n connectie zou ontkennen. Je moet niet vergeten dat John een eenvoudige Engelse arbeidersjongen was, met nauwelijks enige opleiding. Zijn teksten waren het resultaat van de ideeën die hij om zich heen oppikte, ondermeer in de winkel *Sex*, die ik in die tijd runde. Veel van de ideeën van de punk waren een erfenis van een eerdere periode, waar John niets van wist. Een naam als Sex Pistols kwam niet zomaar uit de lucht vallen. Net zomin als het idee van het hoesontwerp van de eerste plaat, met de woorden gemaakt van letters uit kranten en tijdschriften, alsof het om een losgeld-brief van een kidnapper ging.

Wat John en mij met elkaar bond, was dat we dezelfde haat voelden. Maar het grootste deel van de tijd bewogen we ons in tegengestelde richting. Heel af en toe gingen we allebei even dezelfde kant op. Maar dat gebeurde maar heel zelden.

Punk was niet het begin van een nieuwe tijd, maar juist eerder het einde van een periode, de laatste stuiptrekking van de ideeën die ooit waren ontstaan in Parijs.

Dat is ook de reden dat de jaren tachtig zo compleet anders waren. Het was een heel ander tijdperk, waar ik – ook terugkijkend – nog steeds moeite mee heb. Het was een tijdperk van verwarring, en van de voortdurende groei van de pragmatische wereld.

Toen de jaren negentig begonnen, voelden een heleboel mensen zich buitengesloten. Dat gold in ieder geval heel sterk voor mijzelf. Inmiddels denk ik dat het weer veel duidelijker is hoe de parameters staan: wetenschap maakt de dienst uit, kunst telt nauwelijks nog mee.

Het is de brug tussen kunst en wetenschap die er nu toe doet. Het idee om de wetenschap tot bondgenoot te maken, bevalt me beter dan om aan de zijlijn te moeten toekijken. Ik ga liever wat drinken met een wetenschapper, dan met Mick Jagger, ha, ha.

Internet – het wereldwijde netwerk van computergebruiker – het ontdekken van de vijfde dimensie, dat is één aspect van de huidige cultuur. De andere kant is dat nu opeens weer de fossiele overblijfselen worden opgepikt van oude religies, dat er wordt gewerkt met kristallen, natuurgeneeswijzen. Een heel ander soort magie. De brug tussen die uitersten is waar het nu om gaat. Neem zoiets als techno trance, muziek die bij wijze van spreken is gebaseerd op oude ritmes van Mali, maar gemaakt met computers.

Leren omgaan met de nieuwe technologie, dat is waar de dialoog zich nu afspeelt. Of je wilt of niet, al het andere is irrelevant geworden.'

(1994)

Welcome to the future – Underworld

Welcome to the future. Dat was de naam die we bedacht hadden voor de feesten in Paradiso. *Future*, omdat de muziek een glimp zou laten zien van de toekomst. *Welcome*, omdat we duidelijk wilden maken dat die toekomst niet iets was om bang voor te zijn, of iets wat uitsluitend bedoeld was voor een selecte elite. Iedereen was welkom.

Sinds de opkomst van de nieuwe elektronische muziek – house, techno, trance, ambient – was er een gapende kloof ontstaan tussen de traditionele rockwereld en de nieuwe muziek*scene*. We wisten dat er een potentieel publiek bestond dat zeker geinterresseerd was in de nieuwe ontwikkelingen, maar dat een flinke drempelvrees moest overwinnen om Amsterdamse clubs als de Mazzo, de Roxy of de It binnen te gaan. Die drempelvrees zou in ieder geval een stuk minder groot zijn bij Paradiso, Nederlands oudste en bekendste poptempel.

Het idee van de feesten was, om een podium te bieden aan nieuwe elektronische groepen. Live-groepen waren relatief nog schaars, zeker in verhouding tot de gigantische hoeveelheid muziek die er wekelijks op plaat verscheen.

Optreden, daar begint het voor de meeste rockbands mee. Pas (veel) later wordt er gedacht aan het vastleggen, of op de plaat uitbrengen van muziek. Bij elektronische groepen is dat juist andersom. Het begint met platen maken, pas daarna wordt er gekeken of de muziek ook live uitgevoerd kan worden.

Veel producers en muzikanten vinden het veel te veel gedoe: optreden met elektronische instrumenten betekent meestal dat ongeveer de complete eigen studio moet worden afgebroken, om op het podium weer te worden opgebouwd. Dat is zó veel meer werk dan bij een rockband, dat veel producers er niet eens aan beginnen. Of, zoals in de commerciële pop-house van groepen als 2 Unlimited: ze maken zich er makkelijk van af met een instrumentale begeleidingstape, waarbij alleen nog gezongen en/of gerapt hoefde te worden.

Toch begon er zich in het eerste deel van de jaren negentig langzaam een nieuwe generatie elektronische bands te profileren, die hun muziek wel live wilden uitvoeren. Live spelen met elektronische instrumenten is spannend, en er is vraag naar zulke groepen: ze zijn een welkome afwisseling van de club-avonden met alleen muziek van dj's. Daarom begonnen in Engeland de *Midi Circus* en *Megadog* met het organiseren van feesten met live-bands. In Duitsland was er de *Love Parade*, in Nederland begon onze organisatie (de Quazar-posse) met live-muziek in Paradiso.

Na een succesvolle eerste aflevering met Speedy J. en Orlando Voorn, twee van Nederlands belangrijkste techno-talenten, hadden we voor de tweede editie, in april 1994, onze zinnen gezet op Underworld. Dit Engelse trio had in 1993 drie sterke clubplaten gemaakt, die zo experimenteel en zo *anders* waren, dat ze de Engelse danswereld in rep en roer hadden gebracht.

De *sound* van de groep was een vreemde mengeling van stijlen. Beats, ritmes en baslijnen waren opgebouwd volgens de typerende Engelse stijl van dat moment, die *progressive* werd genoemd, en die zo ongeveer alles omvatte wat er uit de Engelse dans-underground van dat moment opborrelde. *Trance* en *dub* waren elementen in meer Engelse muziek, maar Underworld paste ze verfijnd en smaakvol toe, en bijzonder origineel. Zoals in de single *Skyscraper I love you*, voortgestuwd door een onweerstaanbare trance-beat en met vreemde tekstflarden, die het nummer een onwerkelijke, surrealistische sfeer gaven.

Underworld moest live erg goed zijn, hadden we gehoord van insiders, zoals Renaat, Sabine en Katrien van het Belgische R&S-label, die een optreden in Engeland hadden gezien. In Nederland had op dat moment nog bijna niemand van de groep gehoord, met uitzondering van de progressieve club-dj's: *Skyscraper* en *Rez/Cowgirl* waren ook in Nederland flinke clubhits geweest. Maar toen de groep in april naar Nederland kwam, was *Welcome to the future 2* al een week van tevoren uitverkocht. Het zojuist verschenen album *Dubnobasswithmyheadman* had zoveel publiciteit gegenereerd, dat alles en iedereen Underworld ook live wilde zien. Er werd al snel gesproken van een *hy-*

pe, al is dat een nogal nietszeggende term, meestal afkomstig van journalisten die iets nieuws niet begrijpen.

Maar waarom kreeg het album dan wel opeens zoveel aandacht? Het was een goede plaat natuurlijk, maar minstens zo belangrijk: Underworld was een groep met een *gezicht* – een zeldzaamheid in een (techno-)wereld, waar alle muzikanten en producers het liefst in de anonimiteit blijven. In zanger-gitarist Karl Hyde had het trio een woordvoerder die werkelijk iets te melden had. En de muziek was voor de traditionele rockpers makkelijker te begrijpen dan de meeste andere, abstractere, techno-house. In een aantal nummers was met een beetje goede wil nog wel een popsong te herkennen.

Underworld was kortom, de perfecte crossover-band, die met haar muziek een brug wist te slaan tussen de ondoordringbare techno-wereld en de traditionele rock.

Karl Hyde zelf had daar overigens gemengde gevoelens over. Wat hem betreft was de rock & roll dood. Het laatste wat hij wel wilde was om de oude orde in stand te helpen houden: 'Zodat de promotors kunnen doorgaan met het organiseren van stadionconcerten met bands, al is het dan met van die techno, muziek die de *kids* leuk vinden.'

Karl Hyde is een vriendelijke, welbespraakte dertiger met uitgesproken ideeën, voor wie de toekomst in ieder geval niet ligt in het vasthouden aan de oude vormen: 'Die heb ik definitief aan de kant gezet.'

Toen Hyde en keyboardspeler Rick Smith de jonge dj Darren Emerson leerde kennen, had het duo al een hele popcarrière achter de rug. Eerst met Freur, een synthi-popgroep uit de vroege jaren tachtig, die platen maakte voor platengigant CBS, en van wie het grootste succes de hitsingle *Doot doot* was. Net als andere synthesizergroepen uit die periode (Japan, Human League), was ook Freur een band waarbij het uiterlijk (make-up, groteske kapsels) minstens zo belangrijk leek als de muziek. Maar alle concessies aan image en muzikale toegankelijkheid ten spijt, wist Freur het kortstondige eerste succes niet te continueren. Na twee albums werd de groep gedumpt door de platenmaatschappij. Niet lang daarna viel ze uit elkaar.

Smith en Hyde probeerden het daarna nog een keer. Zonder make-up, maar even ambitieus, onder de naam Underworld –

een traditionele rockband met gitaren, drums en keyboards. De groep tekende een contract bij Sire (Warner Brothers), en maakte een Amerikaanse stadion-tournee met The Eurythmics. Dat was, zegt Hyde, het moment dat hij gedesillusioneerd raakte van het hele rock & roll-circus: 'Alles was mega: grote stadions, grote podia met dranghekken, grote vrachtwagens, een hele karavaan apparatuur. Iedereen meende te weten wat voor groep we waren, welke richting we moesten volgen, waar onze markt lag, welk publiek we moesten zien te bereiken. Afschuwelijk. Na die tournee besloten we ermee te stoppen.'

Smith keerde terug naar Engeland, Hyde maakte in de Paisley Park-studio's van Prince nog een album met voormalig Berlin-zangeres Terri Nunn, en speelde vervolgens enige tijd in de begeleidingsgroep van Deborah Harry, voordat hij met Smith besloot om een nieuwe Underworld op te zetten: 'Elektronische muziek was altijd onze grote liefde geweest, maar in al de jaren bij CBS en Warner hadden we steeds water bij de wijn gedaan, en het toch in een rock-vorm gegoten. Ditmaal besloten we helemaal te doen waar we zelf zin in hadden. Geen concessies meer aan niets of niemand.'

Het duo bundelde de krachten met de jonge Darren Emerson, inmiddels een van Engelands bekendste dj's. Het was een perfecte combinatie: Smith had de knowhow van de nieuwe technologie, Hyde bracht zanglijnen en poëzie in, Emerson was de dj, die kon bepalen wat zou *werken* in een club en op de dansvloer.

Het eerste resultaat van de samenwerking, de 12-inchsingle *Mother Earth* werd opgenomen in de eigen studio, zelf gefinancierd en eigenhandig verkocht aan Londense danszaken. Hyde: 'Nog nooit had ik me zo opgewonden gevoeld over een eigen plaat. De eerste vijfhonderd exemplaren, die we zelf verkochten aan winkels als *Black Market* en *Tag*, zeiden me meer dan de dertigduizend platen die we van het eerste Underworld-album verkochten in Amerika. Dat was gewoon een getal op een velletje papier: geld zagen we nooit, want de inkomsten vielen in het niet bij de gigantische stapel rekeningen, die het runnen van zo'n mega-bedrijf steeds met zich meebracht.'

Rond de tijd dat de nieuwe Underworld exemplaren van zijn eerste clubplaat verkocht 'vanuit de achterbak van een auto', kwam de groep in contact met het onafhankelijke Junior Boys

Own-label, dat zich juist begon te profileren als een van Londens belangrijkste nieuwe danslabels. Hyde: 'Het had juist een overeenkomst gesloten met het grote London Records, dat beschikte over een veel beter distributie-apparaat. We zeiden dat we eigenlijk niets meer met grote platenmaatschappijen te maken wilden hebben, maar gingen er uiteindelijk mee akkoord om het dan toch nog maar een keer te proberen. Al gauw bleek dat London zich helemaal geen raad wist met *Skyscraper*. De plaat bleef zo lang op de plank liggen, dat al onze nachtmerries over *majors* nogmaals bevestigd werden: ze zijn de dood voor elke inspiratie.'

Toen de single dan eindelijk uitkwam, gebeurde er weinig, zodat de platenmaatschappij de groep snel weer liet gaan, er van overtuigd dat zo'n groep geen enkele toekomst had.

Hyde: 'Maar vanaf het moment dat Junior Boys Own het zelf deed, ging alles voor de wind. Het bewijs dat grote maatschappijen niet uit de voeten kunnen met de nieuwe muziek.' Om er lachend aan toe te voegen: 'Vanaf het moment dat de groep eenmaal bekender werd, heeft London ons meermalen gebeld of we niet wilden terugkomen. *No way*.'

Underworld heeft het succes afgedwongen op de eigen voorwaarden, en kan zich veroorloven om kieskeurig te zijn. In de maanden na *Welcome to the future* groeide het trio uit tot een van de meestgevraagde live-bands en reisde zo ongeveer de hele wereld rond: een tournee door Japan, concerten in IJsland met zangeres Björk (bevriend met de groep sinds ze een remix voor een van haar nummers hadden gemaakt) en festivals in Noorwegen en Denemarken (Roskilde). Een aanbod om op de 1994-versie van het Woodstock-festival te spelen werd afgeslagen: Hyde vond het een commerciële onderneming, het hele idee deed hem 'zijn tenen krullen'. 'En ik heb niet het idee dat ze iets van dansmuziek begrijpen. Amerika loopt wat dat betreft nu geweldig achter. Ze hebben alleen wat elektronische groepen gevraagd om ook dit publiek tevreden te stellen.'

Concessies doen aan de commerciële industrie, die weinig méér begrijpt van muziek dan het meest platte en voor de hand liggende, is voorgoed verleden tijd voor Hyde en Smith. Juist nu het duo de eigen intuïtie volgt, en niet langer probeert zich aan te passen aan de stijve regels en wetten van de industrie, hebben ze werkelijk succes met wat ze doen. 'En dit is zo veel bevredigender,' vindt Hyde. 'Dit is waar ik altijd van gedroomd heb vanaf het moment dat ik van de kunstacademie kwam, maar wat ik nooit kon vinden in de popwereld.'

Hyde volgde een opleiding schilderen en beeldhouwen aan de kunstacademie van Cardiff: 'Maar een carrière in die richting leek me niets. Dan zou je werk alleen bekend zijn bij een selecte elite, de wereld van galeries. Popmuziek trok me, omdat het een vorm van massa-communicatie is. Maar in de loop van de jaren ontdekte ik dat de commerciële popwereld je bijna wel dwingt om steeds meer compromissen te doen. Zeker als je als jonge groep een contract krijgt bij een grote maatschappij, en lekker wordt gemaakt met een vet voorschot. Die verleiding konden we in onze begintijd in ieder geval niet weerstaan.'

De manier waarop Underworld zich nu afzet tegen de commercie heeft soms vreemde consequenties. Zo weigert de groep tot nu toe steevast om te verschijnen in het Engelse hitprogramma *Top of the pops*. En tijdens het concert in Paradiso stonden de drie muzikanten een groot deel van de tijd in het donker te spelen, zodat de zaal pas veel later in de gaten kreeg dat de muziek niet langer afkomstig was van de dj, maar dat het optreden begonnen was. Niet dat het er toe deed: het publiek was gekomen om te dansen, niet om zich te vergapen aan drie figuren die, verscholen achter hun apparatuur, op het podium stonden. 'Ik heb er een hekel aan gekregen om op een voetstuk in de spotlights te staan,' had Hyde al voor het optreden verteld. 'Die hele ego-trip van de meeste popbands zegt me niets.'

Wel bleek Underworld live inderdaad even goed als de verhalen die de groep vooruitgesneld waren al hadden voorspeld. Er werd veel geïmproviseerd op het podium, met Smith als *captain* van de computers, Emerson achter de draaitafels en Hyde met gitaar en stem. Een optreden vol onverwachte verrassingen, dat compleet anders uitpakte dan de avond daarvoor in Utrecht.

Hyde: 'We zijn op ons best als zo weinig mogelijk vaststaat. Daarom improviseren we veel, ik zing mijn teksten vaak op andere beats dan de oorspronkelijke, alles wordt zo veel mogelijk bepaald op het moment zelf: hoe de sfeer is van de avond, hoe het publiek reageert.'

Dergelijke op het moment geconstrueerde collages zijn typerend voor de aanpak van Underworld, zegt Hyde: 'Toen we met de nieuwe Underworld begonnen, ben ik definitief afgestapt van de traditionele manier van songschrijven. Ik denk dat ik er vaak toch niet in geslaagd ben om te zeggen wat ik wilde zeggen.

Nu schrijf ik mijn teksten zoals de kubisten schilderen: iets beschrijven door de omgeving te beschrijven, steeds vanuit een ander perspectief. Al jaren maak ik als ik op reis ben lange lijsten van dingen die ik zie. Zoals in deze kamer: de kleur van deze radiator, dat schilderij, het licht door het raam. Tot mijn verbazing ontdekte ik dat ik met zo'n aanpak ook werkelijk iets wist te vangen van het gevoel van het moment, het gevoel op die plaats aanwezig te zijn. Met zulke ruwe ideeën bouw ik de teksten op. Soms blijft als we bezig zijn niet meer dan een enkele regel over: zoals in *Cowgirl* de woorden "I'm invisible", waar het nummer mee opent.

Wat me aantrok aan de remix-cultuur was dat in een nieuwe versie vaak niets overbleef van de oorspronkelijke betekenis van een song. Een remixer zegt: oh, dat woord klinkt goed, of die klank. En van daaruit wordt iets nieuws geconstrueerd. En als je vraagt: maar waar is het refrein gebleven? Oh, het refrein is nu die *sound*, ha, ha. House en techno geven je ontzettend veel vrijheid om te experimenteren. En collages hebben me altijd erg aangesproken.'

Muziek is overigens niet de enige vorm waarin Hyde de collage-techniek toepast. Zo communiceert hij met behulp van een faxmachine, zendt boodschappen, tekstfragmenten en tekeningen naar vrienden en collega's over de hele wereld, waarvan een deel (met aanvullingen of toevoegingen) uiteindelijk weer terechtkomt in de studio van Tomato – een kunstenaarscollectief dat hij enkele jaren geleden samen met een aantal gelijkgezinde kunstenaars opzette.

Een aantal van deze fax-collages, in stijl nauw verwant aan de Underworld-hoezen, verschijnen binnenkort in boekvorm bij een Japanse uitgeverij.

Het boek is overigens slechts een van de vele creatieve produkten afkomstig uit de Tomato-studio, zegt Hyde: "Tomato is geïnspireerd op Warhols *Factory*, een collectief met filmmakers, grafische artiesten, schrijvers, dichters, fotografen en documentairemakers. Het heeft me altijd aangetrokken om met schilders of filmmakers te praten over muziek. Soms reageren ze ook op wat we doen: dan maken ze ongevraagd een video bij een nummer: de videobeelden die we bij concerten gebruiken zijn gemaakt door Tomato, evenals de clip van *Dark & long*. Ook ontwierp Tomato alle Underworld-hoezen en maakt het reclamefilmpjes, voor Nike.'

Tomato werd opgezet rond dezelfde tijd dat Smith en Hyde een punt zetten achter de eerste Underworld: 'We begonnen met een kleine groep, met John Warwicker-Breton, de designer met wie we al vanaf het begin van de jaren tachtig werken. Hij deed videoprojecties bij Freur en ontwierp de hoezen. Later had hij een design-bureau, dat ondermeer de hoes voor het *Steel wheels*-album van The Stones deed, en alle *merchandising* daaromheen. Het was een groot bedrijf, typisch jaren tachtig, met grote kantoren en secretaresses. Bijna gelijktijdig kwamen we allemaal tot dezelfde conclusie: dat we de jaren tachtig en de hele yuppie-mentaliteit van "groter en duurder" zat waren.

We begonnen opnieuw, maar nu klein, zonder al die mensen die we daarvoor in dienst hadden gehad. Het idee was: we huren een goedkope studio, een paar tweedehands MacIntosh-computers, delen de huur en de problemen. Het was een sprong in het duister, zeker, maar aan de andere kant was het nog veel beangstigender om op dezelfde manier door te gaan. Creatief gezien was die hele jaren tachtig-mentaliteit voor ons een doodlopende weg. We wilden iets heel anders. En dat is wat we vervolgens hebben gedaan. Voor ons lag de toekomst niet in grote kantoren met receptionistes, maar in opwindende ideeën, waarvoor je bij wijze van spreken weinig meer nodig had dan een instamatic camera, pen en papier.

Opwindende ideeën, daar draait het uiteindelijk toch om.'

(1994)